U0267069

选题策划　何　龙　何少华

执行策划　刘　辉　彭永东　高　然

编辑统筹　高　然

装帧设计　胡　博

督　　印　刘春尧

责任校对　蒋　静

中国科普大奖图书典藏书系

走进多彩的冰川世界

张文敬◎著

长江出版传媒 湖北科学技术出版社

图书在版编目（CIP）数据

走进多彩的冰川世界 / 张文敬著. — 武汉：湖北科学技术出版社，2017.4

（中国科普大奖图书典藏书系）

ISBN 978-7-5352-8407-5

Ⅰ. ①走… Ⅱ. ①张… Ⅲ. ①冰川－科学考察－中国 Ⅳ. ①P343.72

中国版本图书馆CIP数据核字（2017）第050832号

责任编辑：刘 辉 高 然 傅 玲　　封面设计：胡 博

出版发行：湖北科学技术出版社　　电话：027-87679468

地　　址：武汉市雄楚大街268号　　邮编：430070

（湖北出版文化城B座13-14层）

网　　址：http://www.hbstp.com.cn

印　　刷：武汉立信邦和彩色印刷有限公司　　邮编：430026

700×1000　1/16　13印张　2插页　178千字

2017年4月第1版　2017年4月第1次印刷

定价：48.00元

总　序

ZONGXU

我热烈祝贺"中国科普大奖图书典藏书系"的出版！"空谈误国，实干兴邦。"习近平同志在参观《复兴之路》展览时讲得多么深刻！本书系的出版，正是科普工作实干的具体体现。

科普工作是一项功在当代、利在千秋的重要事业。1953年，毛泽东同志视察中国科学院紫金山天文台时说："我们要多向群众介绍科学知识。"1988年，邓小平同志提出"科学技术是第一生产力"，而科学技术研究和科学技术普及是科学技术发展的双翼。1995年，江泽民同志提出在全国实施科教兴国的战略，而科普工作是科教兴国战略的一个重要组成部分。2003年，胡锦涛同志提出的科学发展观则既是科普工作的指导方针，又是科普工作的重要宣传内容；不是科学的发展，实质上就谈不上真正的可持续发展。

科普创作肩负着传播知识、激发兴趣、启迪智慧的重要责任。"科学求真，人文求善"，同时求美，优秀的科普作品不仅能带给人们真、善、美的阅读体验，还能引人深思，激发人们的求知欲、好奇心与创造力，从而提高个人乃至全民的科学文化素质。国民素质是第一国力。教育的宗旨，科普的目的，就是为了提高国民素质。只有全民的综合素质提高了，中国才有可能屹立于世界民族之林，才有可能实现习近平同志最近提出的中华民族的伟大复兴这个中国梦！

新中国成立以来，我国的科普事业经历了1949—1965年的创立与发展阶段；1966—1976年的中断与恢复阶段；1977—

1990年的恢复与发展阶段;1990—1999年的繁荣与进步阶段;2000年至今的创新发展阶段。60多年过去了,我国的科技水平已达到"可上九天揽月,可下五洋捉鳖"的地步,而伴随着我国社会主义事业日新月异的发展,我国的科普工作也早已是一派蒸蒸日上、欣欣向荣的景象,结出了累累硕果。同时,展望明天,科普工作如同科技工作,任务更加伟大、艰巨,前景更加辉煌、喜人。

"中国科普大奖图书典藏书系"正是在这60多年间,我国高水平原创科普作品的一次集中展示,书系中一部部不同时期、不同作者、不同题材、不同风格的优秀科普作品生动地反映出新中国成立以来中国科普创作走过的光辉历程。为了保证书系的高品位和高质量,编委会制定了严格的选编标准和原则:一、获得图书大奖的科普作品、科学文艺作品(包括科幻小说、科学小品、科学童话、科学诗歌、科学传记等);二、曾经产生很大影响、入选中小学教材的科普作家的作品;三、弘扬科学精神、普及科学知识、传播科学方法,时代精神与人文精神俱佳的优秀科普作品;四、每个作家只选编一部代表作。

在长长的书名和作者名单中,我看到了许多耳熟能详的名字,备感亲切。作者中有许多我国科技界、文化界、教育界的老前辈,其中有些已经过世;也有许多一直为科普事业辛勤耕耘的我的同事或同行;更有许多近年来在科普作品创作中取得突出成绩的后起之秀。在此,向他们致以崇高的敬意!

科普事业需要传承,需要发展,更需要开拓、创新!当今世界的科学技术在飞速发展、日新月异,人们的生活习惯和工作节奏也随着科学技术的进步在迅速变化。新的形势要求科普创作跟上时代的脚步,不断更新、创新。这就需要有更多的有志之士加入到科普创作的队伍中来,只有新的科普创作者不断涌现,新的优秀科普作品层出不穷,我国的科普事业才能继往开来,不断焕发出新的生命力,不断为推动科技发展、为提高国民素质做出更好、更多、更新的贡献。

“中国科普大奖图书典藏书系”承载着新中国成立60多年来科普创作的历史——历史是辉煌的，今天是美好的！未来是更加辉煌、更加美好的。我深信，我国社会各界有志之士一定会共同努力，把我国的科普事业推向新的高度，为全面建成小康社会和实现中华民族的伟大复兴做出我们应有的贡献！“会当凌绝顶，一览众山小”！

中国科学院院士
华中科技大学教授 杨叔子 二〇一二、九、廿八

目 录

科学探险　壮怀激烈

科学考察和科学探险既有许多共通之处又不能完全画等号。科学考察是以发现和揭示还不为人知或不太为人知的诸多自然现象，并通过考察收集资料，进行总结分析，最后得出某些比较科学的结论，来较为合理地对这些自然现象进行解释。

作者在青藏高原考察时于珠峰留影

科学考察是科学研究中的一个环节，也是科学研究中的重要组成部分。从某种意义上讲，科学探险偏重于旅行，而科学考察则偏重于科研。前者主要以体力活动为主，后者则在体力活动之外，还必须付出更为艰辛的脑力思维活动。不过由科学家组成的科学探险则既兼顾探险旅行，又兼顾科学研究，甚至更偏重于科学研究。几乎所有的科学考察都必须伴随着科学探险的一切经历和必备元素。

几十年的科学考察和科学探险生涯，使我积累了太多太多与大自然零距离接触的心得与体会。在极端条件下生存，在艰辛环境中完成科研任务，年复一年日复一日地观察、了解、记录、剖析和感知我们人类赖以繁衍进化的这个星球中最原始、最敏感、最纯净、最天然、最环保的一方又一方水土。

值得欣慰的是，在经历了那么多古木寒鸦、西风瘦马，又有风霜雨雪、山洪泥流、高山缺氧等的考验之后，我还能安然无恙地在自己屋顶小室中，将自己几十年的见闻感受如实地整理、书写出来。我数年之内完成了数百万字、十余本科普散文和学术专著，让我的家人、朋友、师长、同学、同事以及广大读者与我共同分享我在南极、北极、雅鲁藏布大峡谷、珠穆朗玛峰、希夏帮马峰、南迦巴瓦峰、天山、喀喇昆仑山、西昆仑山、喜马拉雅山、横断山、长江之源等人迹罕至的地方神奇而平实的经历。在完成一部又一部科学考察、科学探险纪实专著的过程中，我自然而然地想到了许多在考察中的种种经历以及与我生死与共的朋友，还有那些长眠于斯的，虽不一定熟识但却令我难以忘怀的英雄和他们令人景仰的事迹。

我第一次参加的科学考察是1973—1976年期间由孙鸿烈先生任业务队长的中国科学院青藏高原自然资源综合科学考察。我所在的冰川组组长是李吉均先生，副组长是郑本兴先生。李先生主要负责全组业务，主攻现代冰川与环境，郑先生主攻第四纪古冰川与环境。组内还有研究冰川地貌的牟昀志先生、研究水文的杨锡金先生。郑本兴先生和我来自兰州冰川冻土研究所。在所里，郑先生是我的学科研究组组长。李先生、牟先生和杨先生来自兰州大学，我在兰州大学上学时，李先生、牟先生和杨先生都是我的老师。

在那次大型的综合考察中，我和冰川组的人都很熟，但对我将要从事的科研业务却十分陌生。正是这几位领导和老师以他们的言传身教为我打开了冰川与环境的科学研究圣殿之门，带我踏上了令我心仪、让我有无限享受的科学探险之路。在那几年的青藏科学考察中，我第一次乘车走过川藏公路，第一次见到现代冰川，第一次进入西藏的江南——林芝地区的波密县和察隅县，第一次参观了布达拉宫、大昭寺、扎西伦布寺、哲帮寺和色拉寺，第一次见到雄伟壮丽的雅鲁藏布江，第一次乘坐飞机从拉萨飞往兰州……在这些老师们的带领下，我先后考察了藏南的枪勇冰川、藏东的阿扎冰川、藏东北的波戈冰川，还有若果冰川、卡青冰川、珠西冰川以及羊卓雍湖、泊莫错湖……我学会了考察和观测现代冰川的基本方法，熟悉了对第四纪数百万年以来各次冰川前进和后退时留下的各种遗迹的辨认方法。郑本兴先生对各种第四纪古冰川侵蚀和堆积地貌的特征真可以说是烂熟于心；李吉均先生对藏东藏南现代冰川的分布、发育特征以及近代中外科学家对这些冰川的研究历史完全掌控于胸。从他们的一言一行和每次业务小结的发言和文字中，我学到了许多学问和知识。

1977—1978年，我又跟随苏珍、王立伦先生赴天山最高峰托木尔峰参加登山科学考察。苏珍、王立伦是我在兰州冰川冻土所同一个研究室中同一学科组的同事和朋友。在这次科考中，苏珍既是考察队副队长也是冰川组组长。他的名字听起来像女同志，出野外前去兰州医学院体检时，我们俩人一组，小窗口里面的女医生看到我们两人的名字，头也不抬就问："你们是来结婚体检的吗？""就是的。"苏珍一口甘肃临洮话，医生这才抬头一看，原来是两个大男人……苏珍先生对人没架子，在野外考察中善于组织和协调。托木尔峰考察结束后，新疆人民出版社出版了由我们共同撰写的《天山托木尔峰地区冰川与气象》，并获国家科学进步二等奖。

王立伦先生是当时对现代冰川物质平衡、成冰作用基础理论研究得最精通的专家之一。我们俩人结绳成组攀援托木尔峰东坡，在危机四伏的台兰冰川海拔4000～6500米的裂隙区，挖雪坑、采样品。跟着他，我弄懂了渗浸成冰作用、冷渗浸成冰作用、暖渗浸成冰作用、重结晶作用、渗浸重结晶作用等冰川物理的基本理论。后来去珠穆朗玛峰、天山博格达峰，又在谢自楚先生、伍光和先生的帮助下，对冰川成冰作用和成冰过程有了深入的了解。然而那最初的基础真的要感谢在天山最高峰几个月朝夕相处的王立伦先生。

杨逸畴教授是我的忘年交，我在1975年青藏考察时就认识了他。1982—1984年的西藏南迦巴瓦峰登山科学考察时，他是队长，我是他领导下的冰川组组长。他在地貌考察之余，只要条件许可，就会来到冰川组帮我进行冰川考察观测。在我现场资料采集时，他还为我做记录。队上有什么决定时，他总是先征求我的想法和看法。我第一次去墨脱徒步考察，他为我画出了考察路线图，列出了时间表，还告诉我每到一地要住什么地方，找哪个部队或地方领导，因为他对南迦巴瓦峰、雅鲁藏布大峡谷的自然、人文和社会的情况都了如指掌。不仅是我，其他专业的同志在南迦巴瓦峰登山科考中都得到了杨逸畴教授许许多多的帮助和支持。

作者和著名科学探险家杨逸畴、李乐诗在拉萨

杨教授身高1.85米，喜欢打篮球、排球，20世纪50年代在南京大学就读时还曾经作为江苏省排球队主力队员参加过全国比赛。在科学探险考察中，他又是一位十分细心、严谨和勤奋的科学家，他每天都要记日记而且记录时笔触清晰，字体端庄，一丝不苟。考察结束后，除了科研论文，他总要为各种杂志撰写科普散文。正是受他的影响，我每天再苦再累也必须把当天的经历尽可能记下来，也学着开始写科学小品、科普散文，并且一直坚持到现在。

看到我发表的文章和专著后，杨先生还十分谦虚地对我说："你的科普文章中有许多合理感人的故事情节描述，我不如你。"这当然是他的鼓励之辞。后来在杨先生的带领下，高登义、李勃生、卯晓岚和我共同参与编写了一部图文并茂的大型科普图书——《神奇的雅鲁藏布江大峡谷》，由河南省海燕出版社出版，获得了国家"五个一"工程大奖。在杨先生指导运作下，由河南科学技术出版社出版的科学探险系列丛书（其中《青藏高原二万里》一书由我撰写）获全国科普图书一等奖。

中国科学院大气物理研究所的高登义教授也是我要特别感谢的老大哥、好朋友、好领导。在天山托木尔峰登山科考中，我们就认识并多有接触。在1982—1984年的西藏南迦巴瓦峰登山科考中，他是科考队副队长，在那冰天雪地的日子里，我们谈天气、谈冰川、谈家事、谈国事，工作中取长补短、生活上互通有无。高先生也是四川人，考察间隙，他会为大家贡献出几道川菜，大家最喜欢的就是"蚂蚁上树"。我也是烧四川腊肉的高手，每次烹饪腊肉时总是由我主厨。我先用柴火将腊肉皮烧焦，然后刮去皮毛，表层呈金黄色时截成几段，置入锅中加海带、蘑菇等煮熟后将腊肉捞出切片回锅，回锅时最好有新鲜蒜苗和豆豉煎炒，吃起来喷香可口，肥而不腻，也深受高教授和队友们的表扬和赞赏。

在1998年举世瞩目的雅鲁藏布大峡谷徒步穿越科学考察探险中，高先生是总队长，我是瀑布分队的分队长。白天，我们攀爬在悬崖峭壁上，一个脚印跟着一个脚印，一根古藤接着一根古藤，彼此鼓励，互相接应；夜晚，在悬崖上、古树下，我们同住一个帐篷，在即将入睡的那一刻还不忘互相叮嘱，在明天攀爬时一定要注意安全。

雅鲁藏布大峡谷徒步穿越成功之后，由高登义教授和杨逸畴教授领衔，经福建教育出版社出版了"雅鲁藏布大峡谷科学探险丛书"，其中由我撰写的《大峡谷冰川考察记》获得了全国科普图书三等奖。

高登义在任中国科学探险协会常务副主席和主席期间，先后组织了北极建站科学考察和西南极科学探险考察，我都有幸受邀参加。尤其是北极建站考察让我最终实现了我的地球三极科考之梦。

渡边兴亚教授是我结识并长期保持友谊的第一位日本冰川学家朋友。1981年，受施雅风所长委托，我负责组建中日天山博格达峰冰川联合考察队。日本方面派出两位科学家，其中一位就是日本名古屋大学水圈研究所的冰川学家渡边兴亚教授，另一位是水圈所的冰川气象学家上田丰助教授。

1985年，渡边兴亚教授再次来华，对中日西昆仑山冰川联合考察进行侦察考察。受时任冰川所所长谢自楚教授委托，我再次陪他和另一位日本冰川气象学家中尾正义博士同去新疆，经喀什、叶城，沿新藏公路转战数千千米，对西昆仑山的多塔冰川、崇测冰川进行考察。无论是在天山博格达峰还是在西昆仑山，我们都精诚合作，互相学习，让日本朋友在中国度过了虽然十分艰苦但却又非常愉快的时光。博格达峰中日冰川联合考察是改革开放后冰川冻土所第一次与外国科学家进行的大型合作考察，也是新中国成立后，日本冰川科学家首次来华进行的科学考察，中日双方高度重视，都视之为中日长期冰川与环境科学合作研究的良好开端。作为国际合作研究开端的见证人、组织者和参与者，我感到十分荣幸。为了感谢我对日本朋友提供的帮助，渡边兴亚在1987年他出任日本南极第29次地域科学考察队队长之际邀请我参加了那次日本南极科学考察，实现了我首次登临南极大陆的美好愿望。渡边兴亚在出发之前赠送了我一部厚厚的《南极记》，这是日本南极探险后援会编辑出版的有关日本南极科学探险考察的经典书，是我最喜欢的书籍之一。

在那次赴南极科学考察中，所有的日本科学家和考察船上的海上自卫队官兵对我都十分友好和关照。第28次越冬队的山内恭先生、酒井美明先生还为我远赴南极内陆飞鸟站、瑞穗站考察给予了许多方便。山内恭先生毫无保留地向我提供了日本南极昭和站、瑞穗站自建站以来的所有气象资料和冰雪积累、消融等资料。酒井美明还细心地将他在上一年越冬期间从花岗石中剥离出来的石榴子石装入一个玻璃小瓶中赠送给我。对于这件中日友好的见证物，我完好无损地保留至今。森永由纪博士（第29次队队员）

和日本第28次南极越冬队队员赤松纯平先生后来还和我在中国进行了长达3年的西藏东南部冰川灾害合作研究。

香港原港事顾问、著名的三极探险女强人、作家李乐诗女士也是我多年科考探险的好朋友。在雅鲁藏布大峡谷和北极，我们都曾经共同战斗过。在1998年雅鲁藏布大峡谷首次徒步穿越考察探险中，她将自己用的一柄登山手杖和一顶九成新的帐篷送给了我。在北极的朗伊尔1号冰川上，我们手持中国国旗和香港特别行政区区旗迎着北冰洋徐徐吹来的海风合影留念。她每次来成都都要打电话约我聚会。李乐诗是位环保素食主义者，很瘦但很健康。每次见面我与她握手时都象征性地隔着我的手亲吻她的手，她却推开我的手，主动示意让我直接亲吻她的手背。她写了不少考察纪行书，比如《珠峰密语》《南极物语》《北冰洋细语》《雪域红尘》等，出版后她都会寄送给我。我也送过几本我写的书，她看后总是十分谦虚地说："张教授写得非常好，我要向您学习。"其实，每当我提笔写新书时，总要拿起朋友们送给我的书翻阅翻阅，从中受到启发，其中就包括阿乐的书。

总之，几十年的冰川野外科学考察，几十年走南闯北给我留下了很多美好而难忘的记忆，这促使我在科研之余不经意之间写成了数百万字，发表了100多篇科考散文，出版了十几部冰川科考散文集。在自我"欣赏"之余，总是觉得意犹未尽，因为在那些长篇叙述之中，总有许多亲身经历的难忘的精彩片断仍然不能完全包揽进去，因为这些片断不仅仅"弃之可惜"，而且还是"食之味道极浓"的考察旅程中的精华。这些"精华"片断时时浮现在我的脑际胸臆之间，甚至在一些梦中也明白如实地一一再现，于是每忆起一条，我便将它记录在一个专门的小本子上，并编上了号。记得多了，一看号数，竟多达500余条。

我决定拿起笔，将这些亲身经历的故事片断扩展开来，赋以科学普及的知识，在自己回忆、学习和提升的同时，也想与一些朋友分享我几十年科学探险考察的经历和快乐，这就是呈现在亲爱的读者面前的《走进多彩的冰川世界》。

人在征途

高原趣话

第一次进西藏，我想乘飞机

1975年4月下旬，我随中国科学院青藏高原自然资源综合科学考察队（简称青藏队）来自全国几十个科研单位及大学的近200名考察队员在成都集中，科考队决定分两批，分别乘汽车和飞机进西藏开展科学考察活动。

此次考察活动开始于1973年。受中国科学院委托，中国科学院自然资源综合科学考察委员会（简称中科院综考会，中科院地理科学与资源研究所前身之一）组织实施了这次科学考察。这是我国历史上首次对青藏高原的自然资源进行的多学科综合性科学考察，也是在十年“文革”中进行的为数不多的大型科学研究活动。我有幸代表冰川冻土研究所（简称冰川所，中科院兰州寒区旱区环境与工程研究所前身之一）参加了这次难忘的科学考察。

我们冰川组由兰州冰川所和兰州大学派人组成，组长是兰州大学地质地理系讲师李吉均，副组长是冰川所冰川室地貌组组长郑本兴助理研究员，其他几位组员都是兰州大学地质地理系的老师，有研究第四纪冰川的牟昀志老师、研究水文学的杨锡金老师，还有一位是气象专业的单永翔同志。

20世纪70年代，乘坐飞机简直就是一种政治待遇，是当时许多人梦寐以求的天大好事，差不多可以和当下杨利伟乘宇宙飞船进入太空相比拟了。

飘扬着五星红旗的布达拉宫广场

按规定，我这种刚参加工作的一般研究人员从兰州出差去北京去外地，乘火车都只能坐硬座，坐硬卧还得事先得到批准，否则不予报销，更别说乘飞机了。

名单公布下来，冰川组7个人，6个人乘飞机，1个人乘汽车，乘汽车的就是我。组里除了单永翔，其他队员都是我的老师，因此我只有对着单永翔发泄我的“不满”。可是单永翔却故作得意地说：“出门三步，小的吃苦，谁叫你比我小两岁呢！”单永翔虽然是工农兵学员，但却是“文革”前就已参加工作的中专毕业生。还是牟昀志老师善解人意：“行万里路，读万卷书。川藏路上有许许多多值得考察、值得领略的景观风光，就是一辈子在川藏地区跑，你也不会后悔。”

牟老师的话竟成谶语。在随后几十年的考察生涯中，我在川藏线上进进出出，藏东南、雅鲁藏布大峡谷、帕隆藏布大峡谷、若谷冰川、米堆冰川、贡嘎山、海螺沟冰川……无一不与川藏公路有着千丝万缕的联系。我的《青藏高原二万里》《大峡谷冰川考察记》《追寻冰川的足迹》《情系冰川》《海螺沟科考纪行》等科考散文集，差不多都是自川藏公路开始又到川藏公路结束。

我学会的第一句藏语

第一次去西藏的每一个人，几乎都想在第一时间学几句实用的藏语。

同车中有一位叫索多的藏族小伙子，浓眉大眼，说话面带七分笑，一路上十分讨大家喜欢。索多是甘肃农业大学草原系二年级工农兵学员，祖辈都是居住在西藏当雄县著名的纳木错湖畔的牧民。大学毕业后索多被分配到昌都某运输单位当了干部，后来我们见过一面，再后来就失去了联系。其实草原系在西藏是个十分对口的专业，不知为什么他没被分配到农牧业部门而去了交通运输系统。

我请索多教我说藏语，看似老实的索多开口就来："泊莫，得晓，古吉古吉！"我问他什么意思，他笑着说："你见到姑娘就这么讲，保证是好话，毛主席。""毛主席"是当时在中国西部少数民族地区尤其是藏族地区最流行的一句口头语，是"向毛主席保证，此话当真"的简洁语。

"泊莫，得晓，古吉古吉！"当我们行进到西藏境内一个叫岗托的村寨下车休息时，见到一位身材修长、面色红润的美丽牧羊姑娘，我现炒现卖，讲出了我平生第一句从索多那里学来的藏语。

"阿迷，阿迷！"那位淳朴的藏族姑娘听到我的话以后，脸色变得更红了，一边用羊皮衣袖遮挡着脸庞，一边还偷偷地闪着一双又黑又明亮的大眼睛瞧着我，嘴里"阿迷，阿迷"不停地喃喃着。

后来才知道我上索多的当了，原来我竟对着一位素不相识的藏族姑娘说："姑娘姑娘快过来，求求您。"弄得这位美丽而纯朴的藏族姑娘不知到底发生了什么事，只能好奇又害羞、半遮半掩地说："哎呀，哎呀，不好意思羞死了。"原来"阿迷、阿迷"就是"哎呀、哎呀"的意思。

自那以后，我又学会了不少藏语，但每学一句话或一个词语，都要反复核实它们的真正含义。

藏语和汉语同属汉藏语系，不少语法十分近似，词语结构、意相特征非常一致。比如汉语中的“日”既表示太阳，又是一天两天中的“天”的意思。藏语中也是这样，太阳叫“尼玛”，一天叫尼玛吉（吉是藏语“一”的意思），两天就叫尼玛尼（尼是藏语“二”的意思）。一次在南迦巴瓦峰登山科学考察中，我要去西坡的那木拉冰川考察，在一个叫格嘎的村子里找当地群众了解去那木拉冰川的相关情况时，一位稍微会说点汉语的藏族中年男子对我说：“那木拉，两个太阳！”我一时丈二和尚摸不着头脑，百思不得其解，那木拉怎么会有两个太阳呢？是不是那木拉冰川末端有个冰蚀湖叫那木拉错（错，即湖的意思），太阳照在湖中，天上的太阳加上湖中的倒影就是两个太阳呢？后来还是我的大峡谷老朋友德钦老汉笑着解释给我听：“他是说去那木拉要走两天的时间。”我这才恍然大悟！

西藏羌塘的藏族女孩

藏语是一种发展比较成熟的语种，它不仅已成为比较现代的拼音文字，而且还包含不少外来语言的词语。汉语自不必说了，现代藏语中汉语元素十分普遍，即使在西藏和平解放之前就已经融入了不少的汉语元素了，比如白酒叫“大酒”，比如钱中的“元”叫“大洋”，“角”叫“毛子”，一元一角就叫“大

纳木错，藏语意为“天湖”，是西藏三大圣湖之一。湖面海拔4718米，面积1920平方千米，是西藏自治区最大的湖泊，中国第二大咸水湖，也是世界上海拔最高的大湖。在西藏人的心目中具有非常神圣的地位，每逢藏历羊年，朝圣者不远千里来参加纳木错盛大的转湖节

洋吉毛子吉”。此外，藏语中还有不少来自西方的词汇，比如警察，藏语叫“颇里兹”（来源于英语的police），干部叫“卡德尔”（来源于俄语 Кадры），等等。至于和当年我国北方蒙古族的渊源那就更深了，不仅藏传佛教中的达赖、班禅大师的名号为蒙古语，西藏的不少地名都被深深地烙上了蒙古族文化的印迹。比如纳木错又称腾格里海，即蒙古语“天湖”的意思。更何况藏族的八思巴大师还是蒙古文字的创始人呢！

在许多时候、许多场景中，将汉藏语言混合使用时可以达到趣味十足的语言效果。

汉语中“你辛苦啦！”是一句十分常用的问候语，可是在藏语中却变成了“让我背柴禾，当然辛苦了”的调侃语了。因为“辛”同“薪”，在古汉语中的“薪”就是木柴的意思，而“薪”字又早在唐宋时期被移植用到藏语中，一

直到今天藏语都称柴禾和木料为“薪”，而“苦啦”正是背负、背运之意，所以一句“辛苦啦”在藏胞听来就成了“背柴禾”的意思。

西藏那曲地区民间说唱艺人正在说唱长篇史诗《格萨尔王》

日喀则萨迦寺内颂经人

年轻民间艺人说唱长篇史诗《格萨尔王》

考察队一行在珠穆朗玛峰北坡的绒布冰川“安营扎寨”

不少西藏人的名字的汉语谐音也十分有趣。比如有人叫罗布次仁，有人开玩笑地问：“什么萝卜那么厉害还会吃人哩？”有人叫尼玛，打电话时一头问：“请问您是谁？”“我是尼玛。”“你是我妈？怎么听起来是男人的声音呢?”另一头大惑不解地半天回不过神来。

在西藏待得时间长了,随着对藏语的深入了解,我不仅从中学到了十分丰富的地方文化、历史、宗教等诸多方面的知识,还在多种语言交融的海洋中体会到了无穷的乐趣。

晚上一觉醒来,头上满天星

在一次考察途经西藏山南地区浪卡子县的时候,我们被安排在新落成的县卫生院砖砌白铁皮屋顶的大房间内住宿。那个时候的冰川考察,能不住帐篷已是难得奢侈而优越的条件了。

晚饭是萝卜炖羊肉。香甜甜的大萝卜,每个都有十几斤重,像个刚出生的又白又胖的婴儿。高压锅炖羊肉,喷香可口,加上刚刚被邀请欣赏完难得的豫剧《智取威虎山》演出,大家挤在一个大通地铺里热热乎乎,那感觉比现今的五星级大酒店还舒适呢。

大约到了后半夜,一阵紧跟一阵的冷风不知从什么地方灌进了房间,渗进了鸭绒被里,让人觉得该起夜小解了。我睡眼惺忪地随着先醒的人披衣外出,门外就是一片荒寂地,一阵放松之后大家随即又回到屋内倒身睡了起来,不知是谁突然失声叫了起来:“头上怎么这么多星星呀!”大家不约而同地抬头仰面望去,果然原先的屋顶不见了,透过支撑铁皮屋顶的椽檩,只见满天繁星,还有不时划过夜空一闪而逝的流星。

这是在做梦吗?可是大家都是那么清醒。

原来这新房看上去虽然已经落成竣工,但铁皮加盖的屋顶却还没有最后完全加固。浪卡子县城与雅鲁藏布江仅一山相隔,面对的又是一片汪洋不见边的羊卓雍湖,昼夜温差大,夜里容易刮大风。大凡铁皮盖顶的房屋,除了用必要的铁钉将铁皮钉在椽檩之上外,还必须用铅丝系上重重的石头加压在铁皮顶的屋脊两侧,这样才能防止大风掀顶。我们住宿的新房刚好还未完成铅丝系石块加固这一道工序。夜里三四点钟一阵大风刮起,将我们住房的铁皮悉数卷走,所幸屋顶椽檩还比较密,铁皮全部顺势被卷到了房屋的外面，里面的考察队员无人受伤，甚至连惊吓都没有。事后想起来虽然有些余悸，但又觉得非常有戏剧性，因为这种故事也只有我们考察队在西藏这种无奇不有的高原上才会遇上。

帐篷中的霜花

说到无奇不有的事情，我不禁又想起在海拔5000米以上冰川区的一些生活琐事来。

1980年我带上海科学教育电影制片厂的殷虹导演一行赴世界最高峰珠穆朗玛峰拍摄《中国冰川》电影时，先后扎营在海拔5200米的登山大本营、海拔5900米的3号营地以及6400米的4号营地。3号营地是建立在东绒布冰川冰塔林中间的一个登山中转营地，4号营地是建立在东绒布冰川粒雪盆，也就是冰川积累区中的一个登山前进营地。只要是晴天，人们在这几个营地中都不会感到十分冷，尤其在3、4号营地中，由于冰雪面对太阳光反射作用非常强烈，在无风的情况下甚至还有一些暖洋洋的感觉。每次登山考察归来，有些人看到登山队员满脸黑红掉皮，总以为那是被冻伤的结果，其实绝大多数是太阳光通过冰雪面反射对皮肤造成的灼伤。真正容易被冻伤的是耳、鼻、手指、脚趾等身体上突出而又不易活动的地方，尤其在夜里睡觉，这些部位处于运动基本停止状态，最容易被冻伤。

尽管我们夜里睡在封闭的高山尼龙帐篷内，下面铺着雨布、毛毡和狗皮褥子，身上裹着厚厚的鸭绒睡袋，但呼出的废气中含有的水汽会在鸭绒被子外套上、帐篷的顶上甚至自己的眉毛、头发上结下一层美丽的霜花，翻身时那些冰冷的霜花被折断，一部分掉到脖颈中，钻心地凉，我们都有一种睡在冰箱中的感觉。为了避免和减少形成霜花的环境，我们有时也会将尼龙帐篷的密封拉链（前门和后窗上都有拉链可启可合）拉开一个缝，便于空气的流通，同时也可以保持帐篷中氧气的含量。可是夜里气温有时低至零下30多度，又会让人冻得难以入眠，所以往往也会顾此失彼，受到人为霜花冰冻的困扰。

1977年，中国科学院院长方毅、副院长胡克实等领导接见了天山托木尔峰登山科考队员

不过在西昆仑山冰川考察时，我们会利用低温的冰雪体建造起别有风味的“防护墙”。原因是西昆仑山冰川属于冰温在零下14℃以下的大陆性冰川，如此低温的冰雪体，其成冰作用比较缓慢，尤其在积累区的冰雪体中很少有融化现象，因此它们的密度小，用铁锹挖雪坑时一刨一大块。我们会像北极因纽特人一样，将干酥的雪块砌成块垒在雪坑的四周，垒成临时的冰雪房屋。雪坑既是我们现场研究、观测的地方，也是休息睡觉的地方，晚上将帐篷安放在雪砖围成的雪坑内，竟有雪中温室的氛围。到目前为止，我国现代冰川积累区中类似西昆仑山冰川这种低温、干酥特征的冰雪体在其他冰川区似乎还没发现过。温度越低，雪层越干，比重越小，但酥而不碎，照样具有比较高的强度。当我们考察结束时，在那冰雪屋内早已是布满冰挂的水晶洞了。在南极大陆内陆腹地一铁锹下去，可挖出21寸彩电那么大的一块冰块来。考察队员也常常用干雪块垒在雪坑四周，将帐篷搭建在雪坑中。在南极雪坑中安营扎寨，晚上睡觉时更是不能排除帐篷内冰霜四挂的情景，一般情况下，冰川考察队都是两人合睡一顶帐篷，早上起床彼此一看，我们都变成了白发白须的圣诞老人了。

戒烟斗争

野外科学考察队中有不少吸烟的人,我也曾经是其中的一分子。

我吸烟的历史可以追溯到1968年大学三年级的时候,那时正是"文革"武斗最激烈的一年。一方面为了躲避学校的派系纷争,同时应同窗好友秦大河之请,我和另外几位同学乘火车到甘肃武威黄羊镇原甘肃农业大学秦大河的家。那时武威地区也正是武斗最激烈的时期,甘肃农大又是当地"文革"的"重灾区",附近几所中学、中专的红卫兵闹得鸡犬不宁。秦大河的父亲秦和生先生又是农大的教授,秦母心脏不好,我们几个同学都是人高马大,又是从省会兰州去的"红卫兵",正好给秦家起个"保护"的作用。当时正值夏末秋初时节,听说那几天附近的水电校有人要冲击农大的"反动学术权威",所幸秦和生教授已被下放到河西走廊的腾格里沙漠农大农场去"劳动改造"了,但秦母一听到外面有响动心跳就会骤然加快。于是到黄羊镇的当天晚上我们就一夜未睡,注意着家属院外面的动静。就在那担惊受怕的漫漫黑夜中,秦大河找来了几盒海河牌香烟,我原本不会吸烟,但同行的董国敏、谭榜元还有秦大河都早已是"烟民"了,经不住他们的劝说和烟熏火燎的影响,于是我也就试着抽了起来。本来说好下不为例的,可是天亮吃完秦母为我们准备好的早餐后,我下意识地又点燃了一根香烟。一看那牌子是"大前门",味道更香更浓,从此之后,我一抽就是12年!

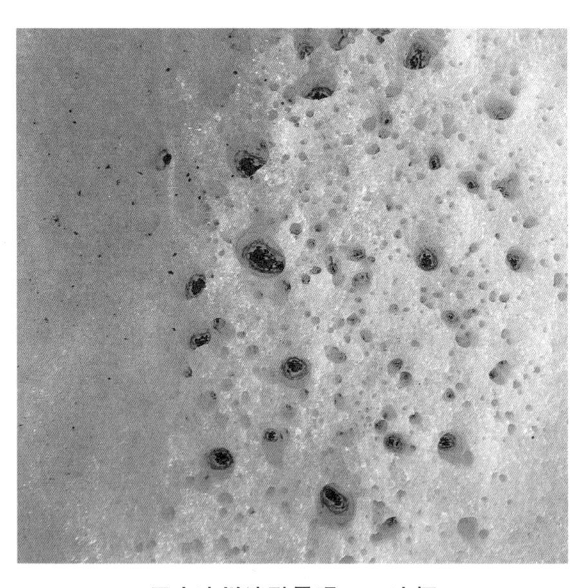

天山冰川消融景观——冰杯

1970年大学毕业后，几经周折我被分配到心仪已久的中国科学院兰州冰川冻土研究所从事冰川与环境的研究工作，后来先后参加过著名的“青藏高原自然资源综合科学考察”，“天山托木尔峰登山科学考察”，《中国冰川》科教电影拍摄，以及对珠穆朗玛峰、藏东南、横断山一带的科学考察和后来的“南迦巴瓦峰登山科学考察”、“新疆博格达峰中日联合冰川科学考察”、“西昆仑山中日冰川联合科学考察”、世界第二高峰乔戈里地区“叶尔羌河冰川洪水科学考察”、青海长江之源“中德联合冰川科学考察”，还有两次南极考察、一次北极考察等。在1980年以前的科学考察中，我都是一位“烟民”。那时候每次出队时，除了必要的科研仪器装备之外，最关注的就是在考察期中需要带多少烟、带什么烟。为了防备万一接济不上，便另外购买一些又耐抽又方便携带的烟丝。在新疆考察时更偏爱新疆生产的“莫合”烟丝。那种烟拌有香料，香味浓、劲道大。听说新疆许多省级领导干部都爱抽“莫合”烟丝，将烟丝用纸片顺手卷成喇叭状，又省钱，又方便，抽完了连烟屁股都不剩。

我的戒烟决定始于1978年天山托木尔峰登山科学考察，那是那次活动的第二个年头了。1977年，由于登山活动在一个月之内便以成功登顶而胜利结束，为了赴京接受中央首长的接见，全体考察队员也随登山队员一起撤队回到首都北京。先是时任国务院副总理的中国科学院方毅院长以及胡克实副院长等领导接见，然后又是李先念、方毅、陈锡联、万里、余秋里等领导人的接见、宴请。本来邓小平同志要接见大家，但当天基辛格博士突然到访，接见被临时取消，邓小平同志还特意指示安排专列送我们去北戴河疗养度假。在这期间正是凭烟票购烟的时候，考察队员都可以享受到疗养院的特殊供应，什么大前门啦、中华啦、凤凰啦，反正那时候的生活补贴费不发现金，但吃饭、抽烟都可以。

疗养本是一件很舒心的事，那时正是8月天气，每天去海滨泳场游泳两次，还可以吃当天打回的海鲜。可是每个科考队员却老是放心不下还未完成的托木尔峰科考任务，因此原定两个月的疗养日程不到一个月，大家便陆续返回各自单位，准备来年的补点考察。

就在第二年也就是1978年的补点科学考察中，我们冰川组一行近10来个人重新开进天山最高峰——托木尔峰（海拔7435.29米）东坡的台兰冰川，除了继续量测上一年各种项目的观测数据外，还重新布置了不少新的观测仪器和断面。此外，我和王立伦教授还必须攀爬到海拔3900米的3号营地上，每天去冰川上量测冰川消融运动过程变化、冰面形态变化、冰川地貌景观特征等数据。

虽然老王抽的多是十分便宜的烟，包括每盒8分钱的“经济”烟，但每天的抽烟量相当惊人，至少在两包以上，超过我的两到三倍。后来组内其他同志转移后，营地上剩下我们两人，老王的烟抽完了，就抽我的烟，后来我的烟也抽完了，就到营地中寻找原来抽剩下的烟屁股打散卷起来抽。营地中的烟头捡完了，就去营地边的简易厕所附近去拾烟头。营地附近曾经住过大批登山和考察队队员，烟民都有边蹲厕所边抽烟的习惯，果然在那些蹲坑前又拾到不少早已毫无烟味却有许多别的味道的烟屁股。老王不嫌，我虽然想抽却觉得那些残烟剩草中浸入过别的物质（我自责烟民竟有如此低贱的狼狈境况），于是我决定戒烟。

戒烟过程是痛苦的，连晚上做梦都在想烟抽、找烟抽，有了烟又四处找火柴、找打火机！弄得觉也睡不踏实。

我的戒烟一直延续到1980年。当时我受施雅风院士所托，协助上海科学教育电影制片厂殷虹导演一行去西藏、云南、四川一带拍摄科教电影《中国冰川》。为了彻底戒烟，从兰州出发时我就宣布此行坚决不抽烟。殷虹先生是坚决反对抽烟的，我们一路行进、一路工作，在他的严密监管下，我真的做到一根烟也不抽了。1980年5月上旬，正当我们全队人马上到珠穆朗玛峰北坡绒布冰川区拍摄外景时，见到日本山岳会的一帮日本朋友来华登山，其中一位名叫智片健二的年轻朋友，送给我两条日本七星牌香烟。那时的七星烟每条1200日元，相当于人民币100元左右，也就是说两条烟钱相当于我的3个月的工资。我本想带回家里自己抽，或转赠他人，可是在场的殷虹先生一定让我当场送人，说监督我戒烟是他此行的责任之一，否则就当场替我销毁。我说我保证不抽总可以了吧，但这位参加过抗美援朝，又曾是全国第四届人大代表，以拍摄过《泥石流》《西藏的江南》等科教片闻名的导演兼摄影死活不依！没办法，同时也为了表示我与烟彻底决裂的决心和信心，我把两条价值不菲的外国香烟送给了上海科学教育电影制片厂的一位制片人了。

不过从此我真的彻彻底底地戒烟了。戒烟后，我多年的咽炎也终于彻底地好了，现在一见抽烟人，我就躲得远远的，我也反对别人抽烟！

不晕车不晕船的“秘诀”

长期的科学探险考察，必须要学会适应各种各样的生活环境，否则不仅自己不方便、难受，也会给别人带来许多麻烦。

作者在澜沧江上漂流探险

1975年的“青藏队”科学考察中，有位搞孢子花粉研究的同志在出发前便明确提出了一个并不算过分的要求：他晕车，因此必须在任何时候保证他坐在汽车的最佳位置。比如坐卡车时他一定要坐在驾驶室内，乘北京吉普时他一定要坐在前排。虽然他的年龄不是最大，但既已提出了明确要求，别人也不好再说什么。其实，野外长期的汽车颠簸，谁都不舒服，我也有呕吐、头昏恶心的时候，有时晚上连觉都睡不着。几个月的考察，包括出队、收队，还有转移大本营地，都要乘很长路程的汽车。一般情况下，男的照顾女的，少的照顾老的，学生照顾老师，队员照顾队长。要么别出野外，要么绝不好意思提出因为自己"晕车"需要大家都礼让他一个人的要求。

我在几十年考察生涯中的的确确没有晕车、晕船、晕飞机、晕火车到需要别人都来礼让自己的时候，尽管我也难受过，也呕吐过，甚至连水米不想不沾。

克服晕车晕船最好的办法就是每次出差前或每天出发前一定要休息好。如果头天晚上翻来倒去胡思乱想，越想越精神，越想越明白，甚至明白到可以编一出电视连续剧来，那第二天一上汽车、火车或飞机，尤其上轮船，准保"晕菜"！那些编好的"连续剧"也早就还给梦中的周公了。

有的人一上车便东瞧西望，话语不断，指指点点，不一会儿工夫便会发生耳半膜不平衡，一旦发生耳半膜不平衡，你不晕车谁晕车，那就必然会尝到晕车之苦了。

我自己的经验就是无论乘车赶船，先是闭目静养，最好是入定入眠，哪怕小眠几分钟，就可以进入心清气爽的境界。

无论去西藏、新疆，去南极、北极，几乎每一次野外冰川或环境考察，我和我的同事们来回所乘坐的汽车、飞机、轮船的里程数都在1万千米以上。1987年第一次南极考察时，我更是乘远洋科考船在太平洋、印度洋、大西洋、南极海中连续航行过70多天，尤其进入被称为"疯狂"的南纬45°～55°的西风带后，8级以上的飓风掀起十几米高的海浪铺天盖地扑上巨轮。站在高高的三层甲板上都能轻而易举地触摸到溅起的大海波涛。随着海浪的掀涌，还有一股股浓烈的海腥味让人的五脏六腑犹如翻江倒海。每当这个时候，船上的许多人都会抑制不住那无法克服的"晕船反应"，不停地到卫生间去吐去呕，直到把腹中的黄胆都清了出来，又接着干呕干吐，觉睡不着，饭吃不下，连说话的念头都没有，连听别人说话都会感到极度的厌烦！

然而我却在那大风大浪中表现得自己满意、别人羡慕。其实不是我不难受，不是风浪对我毫无影响，我的最好办法就是闭目养神，边养神边喝开水，直到一身冷汗之后再出一身热汗，便能最终保持平稳过渡。在大起大落的航行中能吃能睡，还能帮助别的队员。

当然，在最难受的时候，还可以服用适量的抗晕车晕船的药，以降低难受的程度。

有了第一次南极考察的经历之后，无论是后来的北极北冰洋航行还是第二次西南极考察的大西洋航行，我都能笃定自如，尤其在2005年西南极考察时，同室的刘嘉麒院士一遇风浪便呕吐不止，除了帮他清理打扫之外，我还去餐厅为他取来水果食品，好让他在风浪平息之后补充体能，恢复体力。

考察冰川——向主峰进发

俗话说"心静而安"，尽管在平时的工作生活中，我也有许多爱激动的时候，但在艰苦的野外或极地科学探险中却独独能保持一种超乎常人的平和心态，这也是我战胜晕车晕船的最佳法宝。

雪上摩托驰骋在冰原上

西昆仑山的冰川属于高原极大陆型现代冰川。无论是著名的多塔冰川、多峰冰川还是崇测冰川、古里雅冰川，在它们的积累区都是面积达几十甚至上百平方千米的莽莽雪原。尤以古里雅冰帽冰川的积累区雪原面积最大，达到50平方千米，崇测冰帽的积累区雪原面积也多达21平方千米。

在1987年的考察中，日本朋友带来了4辆雅马哈雪上摩托，由于是履带式的全自动操作系统，从来没有驾驶经验的人都能一学就会。日方的中尾正义博士自然是驾轻就熟了，起初他在前面驾驶，我坐在他的身后。经不住风驰电掣的诱惑，我说我要自己驾驶一番，果然一开就会。扇形倾斜的雪原，莽莽无垠，雪晶在太阳的照耀下闪现出晶莹的银光，阵阵清新的雪风迎面扑来，仿佛我们就在西王母的后花园中嬉戏游玩，不过花园中的花却只是洁白的冰花和雪花。在大队伍来临之前，我已将数十根不同海拔高度上的测雪测温花杆断面按规范要求从冰帽的边沿一直布设到了冰帽的顶部。在布设花杆断面时，连辅助我的民工都因剧烈的高山反应停留在半途的雪地中，是我一个人单枪匹马一边用几种仪器校正着海拔高度、经度、纬度，一边将花杆深深地埋入雪层之中，每根花杆上面还要系好红白两色标志旗，同时还要作准确无误的记录。后来日本学者和中方同行都以不可思议的目光和口气询问我一个人是如何完成这项平时需要三五个人花一两天工夫才能完成的工作？答案很简单：首先是热爱自己的事业，其次是实实在在的艰苦付出，当然也需要几分灵气。反正几十年的野外考察和冰川研究，我从来没有在困难面前退缩过，因为我从来都没有把那所谓的困难当作过困难啊！

当我们驾驶着雪上摩托逐一地将每个花杆断面上的雪面变化值重新测量、记录在册的时候，真有一种渔民收网、农人归仓、作家“杀青”的快感。尤其是在那海拔6000多米的西昆仑山冰帽雪原上骑着轻盈的摩托车，真有一种神仙巡天的感觉呢！

我与科教片《中国冰川》

“文革”期间有一部在当时非常流行、国人非常熟悉的科教电影《泥石流》，该影片通过现场实拍、解说，将泥石流的分类、分布、发生原理、形成机制、爆发过程以及防治方法深入浅出地介绍给广大观众，深受群众的欢迎，在科研、教学和交通水利等工程运用中起到良好的作用，至今仍然有一定的市场。《泥石流》电影的导演兼摄影就是我的忘年交殷虹先生。殷虹先生是《泥石流》电影的摄制单位——上海科学教育电影制片厂的导演兼编剧。

每次参加科学考察之后，我总是被大自然的无限美景所深深地吸引。每次大型考察都有记者现场采访、拍摄，如拍摄《世界屋脊》《西藏的江南》《无限风光在险峰》等科教片时，我也积极参与配合过，但独立和一个科教片摄制组全程配合协作，一直到后期解说词的撰写等则是不曾想过的事情。可是偏偏就有大好机会不期而遇地光顾了我。

1980年新年刚过，受施雅风先生指派，我参加了当年由上海科学教育电影制片厂派出的《中国冰川》摄制组赴西藏、云南、四川等地的野外拍摄工作。队长兼导演和摄影的正是拍摄《泥石流》的殷虹同志。

记得1980年3月18日，兰州的天空还飘着雪花，施雅风先生亲自送我们踏上赴珠穆朗玛峰等地拍摄考察的征程。兰州冰川所除了我还有另外4人，其中两位是开大车和北京吉普的司机，另外一位是《中国冰川》剧本的最初撰稿人迟先生。担任现场科学顾问的谢自楚教授将乘飞机在拉萨与我们会合，然后同去珠穆朗玛峰地区考察指导。

在珠穆朗玛峰和希夏帮马峰拍摄考察任务结束后，谢自楚先生另有任务离开了摄制组。不久之后，迟先生也因病住在成都休养，于是我便成了《中国冰川》唯一的现场科学顾问和技术指导了。从珠穆朗玛峰和希夏帮玛峰下山后，我们又沿川藏公路去林芝的南迦巴瓦峰、雅鲁藏布大峡谷的入口附近考察、拍摄，还在海拔5400米的某部雷达站驻守一个星期，就为了完成对喜马拉雅最东端南迦巴瓦峰冰川的环境拍摄。此外，我们还两赴西藏的江南——察隅县的阿扎冰川，历经千辛万苦拍到了海洋性暖型冰川上的地貌景观以及“冰跳蚤”、“冰蚯蚓”和“冰老鼠”的实体，还有它们的冰川生活环境。后来我们又沿滇藏公路去了云南的梅里雪山、玉龙雪山和丽江古城，最后沿川滇公路到成都，再沿川陕公路和甘川公路返回兰州，野外前后历时八个月的时间。

在整个现场拍摄的间隙中，我也不忘自己的科学研究，完成了一篇《西藏南部某些冰川的变化及若干新资料》的研究论文和一篇《阿扎冰川上的“冰老鼠”》的科学研究报道文章，发表在《冰川冻土》杂志上，而更多的时间和精力则投入到《中国冰川》电影的现场摄制中。每次拍摄前，我都要用当时所掌握的冰川科学知识将要拍摄的对象用电影的语言书写出来交给殷先生，然后步行跋涉到冰川上去寻找、定位所要拍摄的每组镜头。然而有的拍摄对象或由于天气、冰川消融或迷路等原因并不是上到冰川就可以找到的，甚至转悠了一天结果还是无功而返。这时殷导演就特别地不高兴了，其他诸如副摄影小江、照明小李等就会随即“跟进”对我“发难”，平时的朋友在这个时候便成为被“围攻”对象，“你那个冰蚯蚓真的会有吗”“冰川上会生出跳蚤来吗”“冰川上会长出‘冰花’来吗”……他们急，我更急，但我心中有数，一夜没睡好，第二天再上冰川，直到“功德圆满”胜利而归。

野外拍摄工作完成后，我们快马加鞭，继续作战，回到兰州时已经是1980年底了，不久就收到殷虹的来信，他让我加工、改写电影分镜头的解说词。

那时没传真，没手机发信息，更没有电子邮件，连快件专递也没有，通信往来全靠写信寄邮件，每次收到殷导演的邮件后，我便连夜加班改写解说词，最多一天后寄回上海，上海的老殷在我修正的基础上提出新的要求，然后在一两天之内将修改意见再寄给我，如此反复五次以上。为了谨慎起见，最后一稿解说词分别寄送给冰川冻土所有关领导，尤其是施雅风先生、谢自楚先生和其他几位当时在冰川专业上颇有建树的同志，经认定后由我集中意见统一修改后迅速寄往上海。不久之后，一部29分钟的科学教育片在《喜马拉雅交响曲》的音乐声中正式上映了。

《中国冰川》主题音乐的曲作者是上海动画片厂著名作曲家金复载先生，他是《三个和尚》《阿凡提》等动画片音乐的曲作者，在1980年参加完珠穆朗玛峰现场拍摄后即返回内地，因为他要上北京去参加当年全国青年作曲家颁奖大会，他是获奖人之一。

后来，《中国冰川》在南斯拉夫贝尔格莱德国际电影节上获得最高国家荣誉奖。对于未在《中国冰川》电影上署名，我当时没什么感觉，但殷虹导演似有愧疚之情，他专门给我寄了一盘《中国冰川》电影胶片小拷贝，还给我寄来了一份国际大奖的获奖证书。2008年6月5日，在他80岁生日前后，又将他一生拍摄的几部有影响的科教片一一拷贝制成光碟寄给了我，并在《中国冰川》光碟上面亲笔书写了“张文敬同志指导拍摄《中国冰川》纪念殷虹赠”。

此外，殷虹先生还曾建议和我合作独立拍摄一部《木扎尔特冰川古道》的科教电影，后来由于我连续参加一些重大的冰川科学考察，竟未能如愿，不无遗憾。年届80多岁的殷虹先生虽比我年长17岁，不过和殷虹先生的这段忘年之交日久弥坚，每次电话中都能听出老先生的动情言语。

差点儿，我就要横穿南极

1988年夏初，我从南极科学考察归来，在北京向中国南极委员会办公室汇报工作时得知，我国将派人员参加1989—1990年度南极大陆徒步横穿国际活动。该活动拟由美国、苏联、英国、法国、日本和中国各派一人参加，从西南极的南极半岛罗斯冰架出发，越过南极点之后朝东南极继续穿越，最终在苏联和平站结束全部穿越任务。

最初，南极办公室选定了一位从事测绘专业的同志参加这一活动，但该同志在前期训练中扭伤了腰，因而决定从中科院兰州冰川冻土研究所等单位另外选人。兰州冰川冻土所领导征求我的意见，准备根据南极办的通知推荐我参加这一活动，我当即表示十分愿意参加。于是冰川冻土所在1988

年6月9日正式向南极委员会办公室发文，推荐我参加1989年穿越南极大陆的国际活动。

同年的7月下旬，我赴北京出差，向南极办汇报并且提交1987—1989年度参加日本南极29次队科考原始资料汇编时，见到时任南极办副主任贾根振同志、科研处副处长陶丽娜同志、后勤处处长刘书燕同志，他们都认为我是参加徒步横穿南极国际活动的合适人选，只是最终决策人时任南极办主任郭琨同志出国考察未归，后勤处刘书燕同志告诉我说我的大学同学、好朋友秦大河和郭琨主任关系好，“你不妨打电话请秦大河写信或打电话请郭主任最终认定料无问题”。当时秦大河同志正在中国南极长城站任越冬队队长。热心的刘书燕处长带我去国家海洋局海事卫星电话室直接与正在南极半岛中国长城站的秦大河通电话。20世纪80年代中国的通信设施还处于比较落后的状态，打海事卫星电话是一件十分奢侈的事情，据我所知，当时连中国科学院似乎都未安装这种电话。

电话一拨就通，南极那头的秦大河十分高兴听到来自祖国首都的老同学、老朋友的电话，一阵问候寒暄之后通话切入正题：我被冰川冻土所推荐参加徒步横穿南极国际活动，万事俱备只欠东风，可是决策者郭琨主任不在国内，请老同学或打电话或写信在郭主任面前美言推荐，不胜感激。那头的老秦满口应承答应帮忙。

对于一个从事冰川与环境以及喜欢科学探险的人来讲，这种机会无异于在新千年后中国人的太空旅行。不过我也深深地知道，如果秦大河同志主动请缨的话，他和我比更有明显的优势，那就是他先后受中国南极委员会办公室派遣赴澳大利亚凯西站进行过越冬科学考察，当时还担任中国南极长城站越冬考察队队长。大学毕业后我被分配到兰州冰川冻土研究所从事冰川与环境研究工作，师从施雅风先生、李吉均先生、谢自楚先生、郑本兴先生，多次重要大型科学考察也是施雅风先生亲自安排。不过自从分配到兰州冰川冻土研究所的第一天起，我就十分关心还在甘肃临夏回族自治州和政县中学任数学教员的秦大河同学。大学同班5年，上下铺低头不见抬头见，全班男女同学17人，我与老秦关系处得像铁哥们一样。我写信请他来兰州亲自带他拜望施雅风先生、谢自楚先生，同时还带他拜见兰州大学地质地理系李吉均先生，帮助他在争取调冰川冻土研究所的同时再报考李吉均老师的研究生，以达到双管齐下、万无一失的效果。记得第一次带他到李吉均老师的家里时，李老师似乎认不出老秦是谁了，我连忙作了必要的解释，尤其讲到大河同学一心要从事冰川研究的决心和信心，李吉均老师终于同意大河同学报考他的研究生。总而言之，希望秦大河一家尽快调回兰州，尽快从事与我一样的事业。后来真的双管齐下、双管有用，在谢自楚先生的大力帮助下，老秦一家调到了冰川冻土所，同时又接到了兰州大学地质地理系的研究生录取通知书。我真心为这位老同学、老朋友能如鱼得水感到欣慰和由衷地高兴。

不过，老秦那时的身体状况似乎不及我，牙齿也极不好，听南极办几位领导告诉我，老秦自感身体不行，曾经表示不会去报名横穿南极的。

回到兰州后我告诉秦大河夫人周钦轲，在北京打电话请老秦帮忙的事。周钦轲是四川人，是我的老乡，从兰州医学院毕业，我们也是十分熟识的朋友。周钦轲也说秦大河身体不好，她才不主张秦大河徒步横穿南极呢。

可是，老秦同样是一位十分坚韧、十分执着、十分优秀的科研人员。后来他自己主动要求参加横穿南极的任务，南极办最终也选派了他去完成这一重大任务。在他横穿南极的电视、新闻报道中，我为我的这位同学克服困难、勇于探索、胜利完成穿越和科学考察任务感到自豪和骄傲。

在后来的1992年，中国科学探险协会请我任中挪（威）珠穆朗玛峰科学联合考察队队长，由于当时我正与日本京都大学防灾研究所合作研究川藏公路冰川灾害（西藏波密、古乡沟和米堆沟等冰川活动诱发冰川泥石流等灾害），不能抽身，于是在秦大河的主动要求下将赴珠峰的任务再次让给了他。当时在北京我们都住在中科院地震棚招待所，老秦说他没去过西藏，并且说要是记者采访他，他都不好意思回答。后来却因不适应高海拔地区气候与环境条件，上到冰川还没有来得及开始工作就昏倒在帐篷里，差点发生生命危险，在中科院大气物理研究所王维高级工程师的精心救护下，被及时送回内地，再后来又受到挪威方面的邀请去了北极的斯瓦尔巴地区旅行，终于在我之先完成了他的三极之梦。

有人问我，没有了却自己徒步横穿南极的心愿，后悔吗？有什么遗憾？我当然不后悔，也不遗憾，而且十分释然。这是真心话。因为我也不但去了两次南极、一次北极、两次珠峰、一次长江源头，还曾徒步穿越世界第一大峡谷——雅鲁藏布大峡谷……而且每次归来，不仅都有科研论文发表，还有科普著作问世，都有科普著作出版，这几百万字的著述全都是我自己一个字一个字地写出来，几十年笔耕不辍，从不假手他人，所以我很自信，也很自得，更是自乐，因为我自以为我是一个用自己的脚步去丈量自己生命的学者，一个终身都不忘记勤奋学习、勤奋工作的人！

人一生的机会很多，但即使对一个十分有心的人而言也不可能抓住每一个机会，因为每个人的机遇、机缘有限，而且人的精力和时间更是十分有限，能够在力所能及的范围内做好自己的事情，对得起家人，对得起朋友，对得起国家，那就问心无愧。因此我就可以说：我终于对得起我自己了！

西藏的喇嘛寺庙多建筑在陡峭的山崖上

多彩的藏区

在浪卡子县，豫剧团演员翻不了跟头

早在20世纪70年代，在中央的关怀下就有了对口援藏的政策实践。记得当时山南地区浪卡子县就有河南省派出的对口帮援医疗队。

1975年5月底，我们青藏队冰川组一行赴浪卡子县境内的枪勇冰川考察，途经浪卡子县城时，正巧赶上来此慰问的河南省豫剧团的现场演出，其中有一出戏就是根据当年风靡全国的京剧样板戏《智取威虎山》改编移植的豫剧。当演员们演到解放军战士身披白色斗篷在林海雪原中急行军时，有一系列空翻旋转动作。只见雄姿英发的解放军战士陆续出场，当战士们凌空跳起准备来个鹞子翻身的空翻动作时却个个力不从心，刚刚纵身跳起便重重地摔在了舞台上。不过他们并不气馁，又勇敢地爬起来绕场一周之后再继续完成刚才没有完成的空翻动作，可惜起跳的高度还不如第一次高，便又重重地摔落在了舞台上。只见演员们个个早已累得气喘吁吁、挥汗如雨。虽然两次武打空翻动作都没完成，但他们仍然坚持演完了预定的所有节目，台下干部军民报以一次又一次热烈的掌声。事后听说演员们演出刚一结束便被立即送往附近的县卫生院去输氧急救了——原来剧团头天乘飞机才抵达拉萨，第二天又马不停蹄地乘汽车直奔海拔4300米的浪卡子县，高山缺氧使得干劲十足的演员们来不及适应便登台表演，难怪完不成空翻动作，要不是及时输氧救治的话，还不知道会出什么更大的危险呢。

水磨原理帮助喇嘛转经

我国是一个多民族的国家，也是一个多宗教信仰的国度，各民族不分地域不分信仰都能长期和睦相处，彼此友爱，互相帮助。

由于民族众多，人们每到一地都会领略到不同的民族风俗文化景观。

西藏寺庙更重视内部装饰，而这种装饰更加强化了西藏寺庙的地方特色

到了宁夏和新疆，可以看到以星星、月亮为标识的清真寺耸立在各地的农村和城镇，而要是到了藏区，尤其是到了西藏，有人的地方必定会有藏传佛教的寺庙，大凡稍有名气的山峰或湖泊附近也几乎都建有气势恢宏的喇嘛寺庙。即使在一些人迹罕至之地或极度贫荒的去处，也会有人专程去那里竖起经幡杆，经幡杆上总是挂着色彩亮丽的经幡或哈达，经幡杆的四周堆满玛尼石堆，石头上有的刻有藏经文，有的虽无经文，也是信众们用自己虔诚的双手从别处搬来的，他们一边念着经、数捻着佛珠，一边将石块码砌在玛尼堆上。在西藏各地的山间路口、湖边江畔几乎都可以看到一座座以石块和石板垒成的祭坛——玛尼堆，也被称为“神堆”。这些石块和石板上大都刻有六字真言、慧眼、神像以及各种吉祥图案。

在西藏民众中信奉藏传佛教的人很多。尽管他们中的绝大多数并不一定十分精通藏传佛教的教义，但藏传佛教有许多必须要做的功课，他们却是年复一年、日复一日地笃定坚持，从不间歇。

西藏地区特有的风景——精雕细刻的玛尼堆

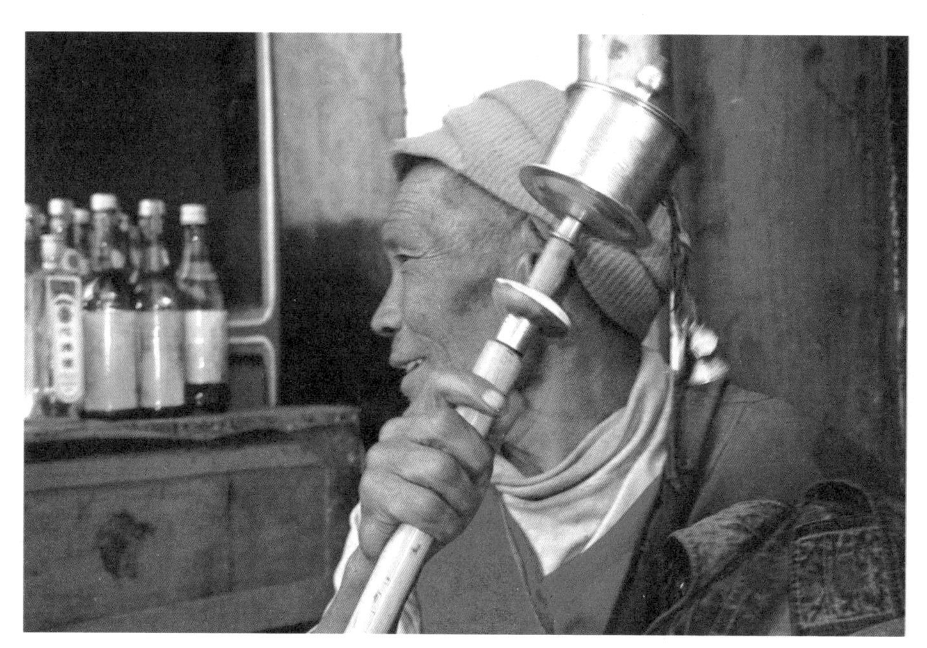

转经是西藏以及川、滇、青、甘藏区藏传佛教的一种宗教活动

藏传佛教信众必须要做的功课之一就是转经。转经的方式有许多种，一是转山，二是转水（湖），三是转庙，四是转经幡玛尼堆，五是捻佛珠，六是转经筒，七是磕长头。其中转经筒和捻佛珠可以与转山、转水、转寺庙、转玛尼堆同时进行。

最艰辛、最难能可贵也是最为虔诚的当数磕长头了。在通往拉萨的大路上，总可以看到很多人先双手合十举过头顶，然后放在胸前，再伸出双手，同时身体前倾，借势全身匍匐在地，然后起身，前行两步或三步，直到刚才双手触及的地方，再合十，再举手……换句话说，这些信众是在用自己的身体丈量着从自己的家乡去西藏拉萨的距离。改革开放之初，当我们去西藏考察时，经常能见到这种情形：一家或一队磕着长头的信众不论风雨，心如止水，目无他顾，周而复始地向着拉萨朝拜前行。起初我们主要是好奇，但当几个月考察回来，再在路途中看见他们越来越接近拉萨，但仍然还有几百、几千米的旅程还未叩完时，我们真的只有赞叹、惊愕和佩服了。

藏传佛教信徒认为拉萨是佛祖居住的地方，他们周而复始地向着拉萨朝拜前行

藏传佛教信徒选择全身伏地磕头以示虔诚

拉萨大昭寺磕头人

我曾经问过一位从云南中甸磕长头过来的中年人，他的回答更令我钦羡不已：只要能跪拜到拉萨，哪怕看一眼布达拉宫，就是死了也甘心瞑目了。还有一次在波密到林芝之间的一处泥石流塌方处，有一位年仅20来岁从四川甘孜出发磕长头的姑娘，不幸失足跌入急流汹涌的江河之中，来不及求救旋即被冲入咆哮如雷的帕隆藏布江里，在场的所有人都为被江水夺走性命的姑娘惋惜哀痛，同行的另一位藏族姑娘不但没有哭泣，反而为自己的同伴喃喃有词："你幸福了，你不用再吃苦了，你可以比我先见到佛祖了。”

看到这种场面，我心虽苦涩，但也感慨：这就是宗教信仰的力量啊！

更多的藏族民众则将对佛祖的虔诚信念寄托在随口可念、随手可做的一些行为举止上。比如口中念念有词，除了吃饭、睡觉，嘴里都可以反反复复地念“阿弥陀佛”或“嗡嘛呢呗咪吽”六字真言，手中也不停地数捻着佛串珠，大的串珠可以挂在脖子上，小的则可直接秉手捻拨。

水动转经筒是藏区特有的一道风景

但凡是动手礼佛的事情都必须要有一定的空余时间。对牧区牧民或退休老人，无论何时何地都可以捻着佛珠、手转经筒去转山转庙。但对农民来说，可就要“实事求是”了，总不能在农忙时丢下农活，眼看种子下不了地、粮食归不了仓吧。尤其改革开放实行市场经济后，收成好了，收入多了，藏民可以翻盖新房，可以供子女上学，有条件的还要修路买车扩大经营范围。新房中自然也会建一处富丽堂皇的佛经堂，但光佛经堂似乎还不够，于是不少有文化的农民架起经筒，利用河道的水、空中的风、家中火塘升火时的炊烟等力量，来不停地转动各式各样的经筒，以取代自己身体力行，求得自己心中那份虔诚的平衡。在西藏的东南昌都、林芝一带，我见到最大的水动经筒竟然和碾糌粑的水磨规模差不了多少，这也算是体现藏传佛教民族风情文化的一种特殊的景观吧！

碉楼，并非羌寨的专利

在四川西部的古老羌族聚居的村寨中，不时可以看到一座座高耸入云的巍峨壮观的石砌碉楼，有的高十几米，有的则高达几十米。这些碉楼下大上小，全为块石或者片石垒成。有的上楼下圈，是为生活所用；有的则箭垛森森、暗藏机关，兼具住宅和军事防御功能。甘孜藏族自治州境内的丹巴县和阿坝藏族羌族自治州汶川、理县（理县桃坪碉楼最为著名）一带的羌寨碉楼以其规模宏大、数量较多、保存完好，又与山势地形相匹配，令人叹为观止，已被开发为著名的旅游观光景点。

贡嘎山西坡藏羌石碉楼

在多年的野外科学考察中，我也有意无意地被碉楼的建筑风格、建筑艺术所深深地吸引。在千百年历史长河中，当地的人民群众就地取材，仅凭一双勤劳的手，将那些大小不一的各种石材稳稳地堆砌在那陡斜的坡地上，高矗入云，百年不折、千年不倒。据说2008年汶川大地震中，近在咫只的丹巴碉楼群和理县桃坪碉楼群虽然也受到了一些损毁破坏，但和许多用现代材料和技术建造而成的钢筋水泥楼在几秒钟之内便毁于一旦相比，我不得不惊叹我们中华民族先贤们那神奇的智慧和无与伦比的碉楼建筑技能。

西藏林芝秀地区的巴古碉楼

原先，我还以为那令人仰止的漂亮碉楼只是在四川的藏羌地区才有呢，后来在沿川藏公路进入西藏之后，发现风格几乎雷同的石碉楼竟然出现在昌都和林芝地区的崇山峻岭之间，其中最典型、最引人注目的便是位于林芝地区工布江达县的秀巴古碉楼。秀巴古碉楼现存5座，楼内隔层楼板都已损毁，从残存的木梁看，似乎曾遭受过火灾。再后来随着考察时间的推移，发现西藏古碉除了林芝之外，在拉萨附近的林周县、堆龙德钦县，甚至于远离拉萨的日喀则地区定日县和山南地区的洛扎县也都有它们那巍峨壮观而又古老的踪影。据考证，林芝地区工布江达的秀巴古碉已有一千年的历史了。四川西部的藏羌古碉和西藏地区的藏式古碉，基本上沿古老的茶马古道一线展布，它们的存在也正好说明内地和西藏文化、政治、经济和军事的交往历史源远流长，可正是这些历史文化遗存却让一位日本学者做出了别样的解读。

秀巴千年古碉相传是一千多年前松赞干布在征战中，为方便军队之间的联络以及屯兵和防御而修筑的具有统治标志的古堡群。古堡也叫戎堡，即通常人们所说的烽火台，在工布江达县境内有多处古堡（碉）群，而秀巴古堡（碉）群是其中规模最大、保存最为完整的一处。

秀巴石碉楼

20世纪90年代初，我在南极考察时认识的一位日本地震学专家赤松纯平教授受邀和我共同主持川藏公路沿线冰川灾害的研究课题。由于在我国藏东南地区时常会发生冰川快速超长运动，快速下滑的冰体跌入冰川湖泊之中，强大的水浪加速运动的水体，往往会冲毁湖堤，突然宣泄的湖水浊浪滔天，将沿途的山林、农田、村庄、道路悉数破坏，甚至席卷而光，给沿途和下游居民的生命财产带来灭顶之灾，当地老百姓称之为“冰川爆发”。实际上这是由冰川快速超长运动诱发的冰湖溃决、洪水泥石流、滑坡集于一体的自然灾害。我们当时的研究方向就是地震和“冰川爆发”之间的能量动力关系。

在考察中，日本专家除了严谨的科学态度之外，对我国的历史文化却抱有一定的偏见。当他看到这些古碉之后，竟然以“玩笑”的口吻说这是当年解放军进军西藏时“战争”的标志。此外，他还听说西藏的适龄儿童由于缺乏学校设施不能就学，群众缺乏医院设施不能及时就医治病等。于是我在辛苦紧张的科考间歇，一方面给他解释说那些石碉已存在了上千年的历史，同时每到有村庄的地方就尽量带他去参观当地的学校和医院，后来这位日本专家终于被他所见到的一系列事实所感动，说：“我终于体会到‘事实胜于雄辩’这句中国名言的含义了。”

亲历特大泥石流

不仅在普通的民众心中，即使在有的研究者的专著中，都有不负责任或者并不科学地称泥石流、滑坡、洪水和地震为“灾害”。

比如在《中国泥石流》一书中就直言不讳地将泥石流定义为“是山区特有的一种突发性的自然灾害现象”，并认定为“是山地环境恶化的产物”。

诚然，无论是泥石流、滑坡、洪水还是地震等自然现象在地球上的活动似乎越来越频繁，随时随地都会对人类经济活动越来越密集化的当今社会造成损毁、伤亡事故。所以当人们将这些自然现象同相应的灾害概念画上等号一并称谓时，很少有人提出异议来。

在另外一本《泥石流及其综合治理》的专著中，给了泥石流一种“名正言顺”的界定：“泥石流是山区常见的一种自然现象，泥石流与块体运动、山洪一样，均属于山区地貌现象，它侵蚀搬运山区松散物质，促使山体高度降低，又堆填、淤高山谷或山麓地带，加速山体地貌演化。”同样，一些文章或学术专著中也有直接将滑坡、洪水和地震称为灾害的。

地球在从它形成的那一天起就从来没有安静过，正是在那永不安静的演替过程中，才形成了坚硬的岩石圈、波涛翻滚的水圈、天寒地冷的冰冻圈、丰富多彩的生物圈、风云变幻的大气圈以及我们人类自己的智能文明生活圈。

包括泥石流、滑坡、洪水、地震等在内的自然现象早在人类产生之前就广泛地存在于地球的变化过程之中了。至于与灾害相联系，那也是自人类产生以后，由于这些自然地理现象在发生过程中影响到了人们生命、财产、生活和社会活动。换句话说，当这些自然地理现象所产生的破坏性力量以人类和人类活动为承接对象时，便转化成为相应的灾害事件。

地球上所有的自然地理或地质、气象过程，一旦使人类和人类相关的活动受到伤害和损毁时，这些现象便成了灾害，否则任何自然地理、地质和气象过程仅仅只是一种地球演替现象而已。比如地震，青藏高原无人区或太平洋中发生了地震，如果并未造成对人类活动的任何影响，那么这些地震仅仅为地震而已，并不能称其为地震灾害。

四川成都平原在人类大量活动之前就是由岷江等山区河流发生大规模长时段的洪水、泥石流而渐渐形成的冲积平原，而这种冲积平原恰恰成了后来四川人赖以生存的重要土地基础。

岂止成都平原，不少中小城市、城镇、重要民居聚落都是建筑在若干千年、万年以前由于各种地貌过程形成的泥石流、滑坡、洪水甚至地震形成的阶地或台地上，而那些自然地理现象演替过程中形成的湖泊、海子则成了当今旅游观光的胜景。

作为灾害，前述各种自然现象在发生的过程中，对人类生命财产的影响几乎是无处不在而且往往损失又是十分巨大的。

1983年7月29日，我就曾亲身经历过一次特大型泥石流灾害。

本来就降水丰富的藏东南，这一年的雨季更是淫雨绵绵，但我们的考察任务却不能因为雨天就停止。在队长杨逸畴教授的带领下，我们离开林芝八一镇，翻过海拔4800米的色齐拉山，沿川藏公路辗转来到位于培龙沟和帕隆藏布江交汇处的104道班附近的培龙乡政府驻地，准备一旦雨变小或天放晴，便沿帕隆藏布大峡谷顺江而下去到大峡谷顶端地区的扎曲、门中一带考察。乡干部一边为我们安排住宿、生活，一边派人到附近山寨安排配合考察的民工、马匹等事宜。

当年的培龙乡政府与104道班隔培龙河相望，乡政府在培龙桥的北边，104道班在培龙桥的南边，培龙河与帕隆藏布江交汇后咆哮着向南面更深更峭的峡谷奔流而去。乡政府建立在川藏公路与帕隆藏布江之间的一个高平台上。木结构的四合院以及四合院中的乡政府办公室、小厨房、小食堂、小卖部，还有蓝眼睛的波密狗、可以上树栖息的藏家土鸡，给我们一种回家的感觉，尤其是那几只可爱的波密狗窜进窜出、跟前跟后，不时向我们友好地摇着尾巴。屋后靠江边是一片菜地，辣椒和西红柿长得旺盛肥美，乡长说考察队需要的话，随时都可以去采摘食用。

我们就等明后天民工、马匹一到就出发去雅鲁藏布大峡谷顶端考察，杨逸畴教授以前参加中国科学院青藏队科学考察时曾去过那里。说起大峡谷，杨教授如数家珍，哪里有村庄，哪里有温泉，哪里有险滩，哪里蛇多蚂蟥多，他都心中有数。能在他的带领下，再去那里探险考察，也是我参加青藏高原科学考察以来的梦想。

不过，令人揪心的是雨似乎仍然没有停歇的迹象，虽然不算大雨，但出门就是泥，加上这里的海拔又是川藏公路进入藏族地区之后最低的地方，不足2000米，又潮湿又炎热，出门穿上雨衣不一会儿里里外外都是水，不知是雨水还是汗水，反正浑身不舒服。

这天夜里我做了一个梦，梦见天晴了，民工们也来了，大家正吵吵着收拾行李要出发，突然，我从梦中感觉到被子被人一掀，“快起来，泥石流来了！”我反弹似地翻身跳起，原来是队长老杨正催着队员们赶快起来以最快的速度逃到后山躲避泥石流的突袭。我也来不及多问，披衣下床，顺手抓起装着资料、日记、仪器和照相机的背包，胡乱地穿上部队配发的军用大头鞋，奔出了房门。只见四合院中已涌进了泥石流的稀浆，雨似乎停了，不经意地看了看电子表上的荧光指针，知道才夜里两点多。我跟着老杨他们冲出大门，来到了公路上，在一片惊天动地的泥石流爆发的声浪中似乎还听到了狗、鸡和牛的哀鸣声。我们迅速地越过公路，爬上了西侧一个长满杂树和野草的山坡上。就在越过公路的刹那间，我下意识地触摸到从培龙河中分流而来的泥石流物质中竟掺着凉凉的冰块。

考察队员和乡政府的工作人员、家属、孩子以及随人群“逃难”出来的狗、牛、猪密密地挤在了这陡陡的山坡上。有人惊异、有人叹息。新疆地理所王志超教授已是年届60岁了，他身材高大，又很胖，说起话来陕西腔带着新疆音。突然他一声惊叫：“谁有手电，快帮我照照！”原来在他的身上已爬上了几十条旱蚂蟥。旱蚂蟥平时以吸吮水珠露滴为生，但一遇见了动物，尤其是人，它们便神不知鬼不觉地钻进贴身处狂咬乱吸起来，直到肉饱血足为止。据说蚂蟥在吸人血时能注入麻醉剂到人体中，吸咬时人们并无疼的感觉，直到它们“肚满肠肥”后自动滚落时人们才会感到发凉发疼，但为时已晚，早已血肉模糊了。果然在手电光的照射下，老王的肚皮上一片血红的颜色，这时大家才回过神来寻找自己身上的蚂蟥……

好不容易挨到了早上六点多，雨真的停了，借着天边的微曦，我向山坡下面望去：原来近在咫尺的培龙沟中昨夜爆发了特大泥石流，从沟谷内冲出来的泥石流物质排山倒海般地沿着川藏公路上的培龙桥孔向下游急泻。来不及下泻的巨石、树木、泥浆和冰块堵住桥孔、越过桥面，继续向下游席卷而去。大量的泥石流物质泻入帕隆藏布江主谷，又对主谷江流形成壅堵，致使原来奔腾咆哮的主谷江流一时之间水位突然增高并且形成了一个延伸数千米长的堰塞湖。湖水还在不断抬高，眼看着淹没了乡政府后面的菜地，又浸漫到了乡政府小院。只见抬高的江水将乡政府小院靠江水一侧的一排房屋冲断裂开，房屋竟像一条条木船似地漂入江中，先是回旋着向上游颤颤巍巍地漂去，然后又缓缓地向新形成的湖堤漂去，终于在湖堤缺口处一片铺天盖地的浊浪中消失得无影无踪。

1983年西藏培龙冰川泥石流现场

借着微弱的晨光，我用亚西卡照相机，开着B门光圈，将眼前的泥石流现场拍了下来：图像中包括劫后暂存的乡政府部分危房、被泥石流冲毁的培龙公路桥，以及桥头泥石流物质中杂陈的冰块。

皇天不负有心人。我所拍摄到的资料为部分复原当时泥石流爆发的现场情景起了很大作用，成了研究川藏公路培龙泥石流首次爆发最直观、最原始、最珍贵的历史资料，而其中的冰块毋庸置疑地说明了培龙1983年7月29日的泥石流是一次与上源冰川活动直接相关的冰川泥石流。

培龙沟是发育在念青唐古拉山脉东端南麓的一条支流谷地，长10多千米，上源发育着一条现代冰川，叫培龙冰川。冰川最高海拔5828米，末端海拔仅2900米，冰川当时长约9.7千米，面积约17.89平方千米，是一条大型季风海洋性山谷冰川。季风海洋性冰川的冰体温度一般都接近0℃，对于冰体而言，这种温度自然属于“高温”了。季风海洋性冰川运动速度为1000米/年以上，在冰川家族中，这种运动速度也属于比较快的。我国西藏东南及横断山一带的冰川深受西南季风和东南季风的滋育补给，加上它们的冰体温度又都接近0℃(分布于南极边缘和北极岛屿附近的海洋性冰川活动底部以下的冰体温度都接近或等于0℃)，因此冰川学家便将它们命名为季风海洋型温型冰川。

由于在此次培龙泥石流物质中发现大量冰块，可见冰川活动必然也参与了这次大型的泥石流爆发活动。

后来，我曾于1991年夏季从易贡沟翻越一座海拔5300米的山梁，进入到培龙冰川上游，大致考察了该冰川的地貌状况。发现培龙冰川中下游仍存有严重断裂、拉伸和快速超长运动的痕迹，由此推断当年培龙泥石流发生的前夕，培龙冰川曾发生了快速超长运动，下滑冰体裹着沟谷中古老的冰碛石砾曾一度堵断谷地形成堰塞湖，加上连日降雨，和着融化的冰水、湖水壅高并最终决堤。决堤湖水急驰而下，连同湖堤泥砾砂石和沿途冲刷两岸的古冰碛及松散坡积物、森林木材以及未能融尽的冰川冰体，一起形成了摧枯拉朽、滚滚而来的巨型冰川泥石流。

1983年的培龙泥石流所携带的泥石物质估测不下2亿吨，它们冲毁了培龙乡政府及政府后面的菜地，冲毁了培龙沟上川藏公路上一座跨度约50米的多孔钢筋水泥桥梁，冲走了104道班三台养护公路的推土机，损毁了1000多米的川藏公路的路基，最为严重的则是在帕隆藏布江主谷形成了一道横亘江流的堤坝。堤坝抬高了帕隆藏布江上游约10千米范围内的水位，湍急的江水突然之间变成了波光粼粼的堰塞湖，并使这一段本来高悬于江流之上的川藏公路路段近与湖面齐平。

1983年培龙泥石流爆发时带来的冰块堆积

由于1983年的泥石流影响，培龙沟的所有松散堆积物几乎都变得更加疏松了，几乎随时都处于突然坍塌下滑的临界状态。当年冰川湖泊堤坝并未完全冲毁，随着冰融水和雨季降水的增多，第二年也就是1984年夏季，湖堤突然再次溃决，再次裹挟沿程稀松的山坡碎石堆积物，在培龙沟与帕隆藏布江交汇口的川藏公路造成了更为严重的泥石流灾害损毁。由于头一年泥石流已然在帕隆藏布江中形成了一道厚厚的堤坝，第二年的泥石流再次加积而成了更宽更高的堤坝。就在泥石流爆发之前，当时该段公路上正行驶着数百辆进出川藏的汽车，由于泥石流来得突然，长长的车队被迫停靠在公路上，谁知江水水面在不久之后突然增高，淹没了公路，进而将数百辆汽车全部没入水下，原来残存的培龙乡政府大院彻底消失了。104道班本来高于路面近20米，也被疯狂的泥石流和泥石流堵塞后的江水步步紧逼，最后道班工人不得不挥泪放弃了他们维护川藏公路的工作基地和生活家园，任新置的拖拉机、推土机、运输汽车被凶恶的泥石流洪水吞入狂暴的急流之中。

1984年的这一次培龙泥石流对这一段川藏公路造成了毁灭性破坏和打击。自那之后的20多年时间中，“培龙天险”成了川藏公路该路段的代名词，国家投入了上百亿元资金整治它，但总是治了毁，毁了治，周而复始，似乎这千里川藏线总也无法走出培龙冰川泥石流灾害造成的阴影。

1985年夏季，出于同样的原因，培龙又一次爆发了泥石流。这一次泥石流与前两次不同的是，泥石流物质在原堤岸的基础上继续加积增高，终于使帕隆藏布江约15千米的流段形成了一座高高在上的悬湖，原来的老川藏公路彻底消失了（原来公路路边有一处著名的“长青温泉”也被深深地淹没于水下），代之而起的是一条绕行在更高更陡的山间的“羊肠”小道，这条弯弯曲曲的“羊肠”小道只可供一辆汽车像蜗牛似地慢慢爬行。不足10千米的路段，顺利的话也要爬行一两个小时。民工、养护工人加上筑路武警部队成年累月地辛苦劳作在这一段天险公路上，才勉强保证了川藏公路不至于彻底中断。至于那处远近闻名的长青温泉也只能凭着一股隐约的硫化氢味道确定它在水下的大致方位了。

2000年6月10日，上游易贡藏布江的冰川泥石流毁决了有百年历史的易贡湖，更大更汹涌的易贡溃决湖水在经过培龙沟口时终于将形成不到20年的帕隆藏布江中的“悬湖”湖堤一并冲决，形成更大的洪水咆哮着向雅鲁藏布江大拐弯和印度境内的布拉马普特拉河奔腾而去，席卷了沿程中国境内江中所有的桥梁和江边小道及近江岸所有的森林，形成了一道绵延数百千米的明显的“洪痕”，真的是改天换地、江山为之“变色”。据说印度政府面对突如其来的特大洪流一时无措，不知上游的中国到底发生了什么事件，只好通过外交照会向中国政府询问“what has happen?”

地球上所有的地质、地理构造、运动现象，诸如泥石流、滑坡、洪水、地震都是双刃剑，具有双重性，它们的发生、演变既可以改天换地，形成新的地貌景观，改变局部地理景观格局，同时又可能使山河“变色”，毁坏人类家园，使人民生命财产蒙受损失而形成相应的灾害。

崎岖的考察之路

从20多岁到现在的花甲之年，一旦有考察任务，我都会豪情满怀地抬腿就出发，似乎出野外、上冰川就如同吃一碗兰州牛肉拉面（我在兰州冰川冻土研究所工作了20多年）、吃一顿成都的麻辣烧烤或者担担面那样是再正常不过的了。在许多朋友、同学和熟人心目中，我所从事的野外冰川考察工作必须具备特别的身体素质、超强的心理素质和高于常人的奉献精神才能去完成。可不是嘛，有的人到了黄龙、九寨沟还头昏呢，上海螺沟冰川更会有高山反应。可是对于我和我的同事而言，要用海螺沟、黄龙和九寨沟与我们大多数工作的地域相比，毋庸讳言，无论是九寨沟、黄龙还是海螺沟，都比天堂还天堂、比仙境还仙境呢！

川藏公路上为治理地质灾害而设置的公路设施

不说别的，就说说路，考察之路。

对于一般的行者而言，川藏公路、青藏公路那已经是充满奇趣、充满神秘，更多的是充满艰险的路了。可是对我和我的同事而言，川藏公路、青藏公路，凡是公路，包括前面提到的被泥石流损毁改道的“羊肠”公路，真的已经算是“天路”了，因为毕竟有汽车可乘，虽然有时像蜗牛似的一天走不了几十千米，但那对于我这个必须上雪线、进冰川的人而言，在公路上行进可以说是我们工作的“赛前”准备，或者是完成工作任务之后即将返家的“康庄大道”了。

我曾乘解放牌大卡车和南京产嘎斯卡车以及后来的东风牌卡车先后从兰州出发沿青藏公路经西宁格尔木抵拉萨；去日喀则、上珠穆朗玛峰北坡海拔5200米大本营，再返回拉萨；沿川藏公路去藏东南的米林县、波密县、察隅县，再经滇藏公路，经八宿县、芒康县进云南，过梅里雪山，经德钦县、中甸县（即现香格里拉县）到丽江，抵下关，经南华再北上沿川滇公路经攀枝花、西昌进成都，沿川陕公路、川甘公路的广元、汉中、天水返回兰州。也曾乘汽车从兰州出发南下经天水、广元、成都，再沿川藏公路进西藏昌都、波密、拉萨，再从川藏公路经成都返回兰州；还曾乘卡车从兰州出发经甘（甘肃）新（新疆）公路过武威、张掖、酒泉抵乌鲁木齐，然后再沿乌（乌鲁木齐）库（库车）公路进入新疆南疆一路去阿克苏、喀什、叶城、和田，或再沿新（新疆）藏（西藏）公路翻麻扎（维语坟墓之意）达坂，进入世界第二高峰乔戈里峰考察，或去西昆仑山考察；还曾越界山达坂进入世界屋脊的阿里地区……

我走过多少路？我没算过。因为我这几十年除了乘汽车，还乘船越过太平洋、印度洋、北冰洋和大西洋，还骑马越过天山、喜马拉雅山、念青唐古拉山，步行的时间则更多更多了。到底有多少山路、多少水路、多少陆路从我的双脚下被我走过丈量过，实在是一项无法计算也很难算得清楚的工程。但有一点，我的考察之路真的是一条虽很崎岖、辛苦，但却充满诱惑、令我终生难忘的神奇之路。

班禅喇嘛的驻锡地扎西伦布寺

班禅喇嘛的驻锡地日喀则扎什伦布寺

日喀则扎什伦布寺

每一次考察，漫长的汽车颠簸之后就是建立考察营地。高山冰川考察营地的搭建既费体力又费精力。在高寒缺氧的地方要将十几顶甚至几十顶大小帐篷撑起来并非易事，尤其在搭建部队用大帆布帐篷时，必须有一个人钻进篷布中间，用双手竖起一根又重又长的顶柱。我个高体大，不用说每次重任都光荣地属于我了。同时科考队每次设立营地又要考虑地形地貌，既要方便更要安全，尤其必须要避开泥石流、滑坡、洪水等突然灾害事件的侵扰。我是学地质地理地貌专业的，所以大家也喜欢让我提出最佳选址方案。当然也有为难的时候，那就是1998年我们徒步穿越雅鲁藏布江大峡谷，当行进到邻近峡谷无人区密林中要宿营时，天已黢黑，凭着篝火和手电光，只能看清附近两三米范围之内的地形地物，于是我只好选择有大树的地方搭建帐篷。第二天起身一看，我的高山帐篷竟然就架在一道悬崖的边缘，所幸一排墨脱青杠树加上民工砍来的横垫在青杠树之间的树枝形成了一道栅栏，否则真不知道那天晚上会发生什么事情呢。

营地建好后就是繁忙的野外考察工作。冰川考察都是在高寒无人区的雪线附近，上下冰川都无路可寻，冰面上小地形十分复杂。如果只是冰川冰体还好说，但是在大型山谷冰川上，尤其是在消融区行走，往往会面对一道又一道的冰碛丘陵。冰碛丘陵看上去像是乱石堆砌，实际上那石碛之下就是蓝茵茵的冰川冰，一踩一个滑。

1977年在天山主峰托木尔峰东南坡台兰冰川考察时我们是骑着马上去的。殊不知刚进入冰川区就是一连串的马失前蹄，我一个前滚翻重重地跌落在四棱八角的冰碛层上，浑身好几处被摔得青紫出血。更可怕的是几乎每一道冰碛丘陵后面往往就是一个深不见底的冰面湖，要是连人带马跌入湖中，双脚不能及时从马镫中脱出，马惊水深，后果更不堪设想。所以每次无论是在冰川上还是在山野中骑马行走的时候，双脚一定要有随时可以从马镫中松脱的准备，万一坐骑受惊或跌倒时能及时人马分离，不至于人和马受到更严重的伤害。

除了在公路上行驶外，我们的考察车有时还不得不在无路的山坡或沼泽中寻“路”而行。

作者在扎什伦布寺接受十一世班禅的经师敬献的哈达

西藏波密则普冰川附近的古冰川磨光面

1985年和1987年中日联合西昆仑山冰川科学考察时，我带领先遣分队和一辆东风大卡车、两辆日产丰田越野车在新藏公路甜水海兵站（海拔4800米）处驶离主干公路，然后沿着同样是海拔4800多米的起伏的高原戈壁滩向东探险前行。我们凭着地形图和野外罗盘的帮助，先在一片广阔的古湖盆地中行进，然后顺着一个波涛浩瀚的高原湖泊在湖滨沙地上驰驶，那湖就是著名的阿克赛钦错湖。只见湖中一排排白色巨浪自远而近向我们驶过的岸边扑来，一群群水鸟在白色的浪峰之间穿梭飞翔，天蓝水蓝，空气一尘不染。长期的高原冰川考察，使我对高原缺氧的适应度大大提高了，只要晚上休息得好，就不会有明显的呼吸急促等不适症状。看到眼前那一片湖光天色，一种自豪感油然而生。在每次条件十分艰苦的时刻，我真的不仅不后悔对自己专业的选择，反而更加崇拜和享受自己所从事的冰川研究和冰川考察工作！

阿克赛钦错湖中的水鸟加上湖光天色构成一派人间仙境

在无人区乘汽车考察时必然会遇到许多难以逾越的障碍。就在我们终于不情愿地将阿克赛钦湖远远地甩向车后时，前面竟然又出现了一道又高又大的大斜坡，凭地形图分析，翻过前面的山坡，东面就是郭扎错湖盆地了。此行我们的重点考察区就位于郭扎错湖正北方向的崇测冰川和西北方向的古里雅冰川区。地形图上有一条用虚线点连成的小道，但那只是一条野藏驴和野牦牛时常出没的小山道啊！不过俗话说：车到山前必有路。我们只好硬着头皮鼓励司机寻“路”而行，好在卡车和丰田越野车都是刚出厂不久的新车，性能很好，我们在倾斜的山坡上左拐右突，盘旋而上，大约两个小时之后竟然成功地冲上了半山腰。这时天已经黑下来了，汽车爬行的速度也明显慢了下来，无论是开车的司机还是坐车的我们都已筋疲力尽。为了让汽车找到最佳的盘旋攀行的方向和路线，我几乎从一开始就以小跑的速度在车队的前方一边目测和判断地形，一边指挥司机驾驶，要不是夜幕降临，我真想一鼓作气当天就“杀”到郭扎错湖北岸的崇测冰川区！

冰川消融是冰川物质平衡的重要组成部分，冰川融水有的形成冰面河流，有的形成冰下河流

我们选在一个倾斜的台地上露营，将汽车互为犄角停在一起，吃完一顿用汽车配用的喷灯煮熟的面条后便钻进高山帐篷中呼呼大睡了。第二天拉开帐篷门一看，几乎每个帐篷和汽车的轮子都被黄沙埋进了一小半，原来昨夜起风了。睡在大车车厢中的段永生、胡新生等司机师傅的鼻孔内、耳朵里和头发中全部灌进了黄色的粉沙，活脱脱就像一具具出土的秦始皇陵兵士俑！

1989年夏天我率队赴长江源头冰川考察时，曾路过一段2000多米的高原沼泽湿地，一块块厚厚的高原草甸墩被深不见底的水塘隔离开来，拉着考察物资的大小汽车只能像如今电视台举办的综艺节目中选手要通过高难度障碍般地涉险越过水塘，跳跃式地在草墩上寻找轮胎支点，一步步挪拉着向前行进。

有人说这是“摸着石头过河”，其实这比摸着石头过河不知道要困难多少倍。因为一旦车轮失陷，跌入深不见底的水塘，那后果将不堪设想。我和另外几位考察队员下车为司机小心翼翼地指点着，终于一步一步地驶出了沼泽地。可是在行进到一处看似并无危险的平滩地时，有一辆越野车却突然陷进了松软的泥潭。当地牧民说，要是早上通过，地上冻结就没事了，可是既然陷了车，后悔也没有用，同行的德国人异想天开说可以用牧人的牦牛套绳将汽车拉出来。我说不妨一试，可是牧区的牦牛从来没有被训练过，鞭子一挥，四五头牦牛竟朝好几个方向用力，结果绳子拉断了好几根，汽车却仍然纹丝不动地陷在黑色的泥浆之中。好在明后天我们去拉萨运物资的东风大卡车就要跟进来，只好将那辆越野车留下，东风卡车力量大，车上配有牵引的钢索和绞车。果然，两天后东风车将越野车顺利地拉出了泥淖，来到了我们的长江之源冰川考察大本营。

赴西藏墨脱考察是许多朋友十分感兴趣的话题，因为直到20世纪末，墨脱县仍然是我国唯一不通公路的县域。

川西高原冰川与冰蚀地貌（冰川和它所携带的岩石碎块对地面进行掘蚀和磨削作用形成的地貌叫冰蚀地貌）

墨脱县位于喜马拉雅山脉东端和念青唐古拉山脉东端南坡雅鲁藏布江大峡谷的中下游地段，山高谷深，森林密布，降雨量高达1500～3000毫米，全县土地面积达30553平方千米，人口却十分稀少，不到1万人。从山外进入墨脱县有四五处山隘可以步行通过：一是从米林县的多雄拉山翻山经拿格、汗密和背崩乡进入；二是从林芝县的培龙乡沿帕隆藏布进入雅鲁藏布大拐弯顶端，过岗朗吊桥翻西兴拉山进入；三是从波密县扎木镇帕隆藏布南岸翻嘎隆拉山进入；还可以从波密古乡对岸的缩瓦卡拉山和波密县达兴村以南的多康山口进入。我曾分别从多雄拉山、嘎隆拉山和培龙一西兴拉进入墨脱考察。最早的一次是1983年夏季，从米林县派区出发，沿雅鲁藏布江南岸的一条小支流——多雄曲河上山，汽车先将我们送到海拔3500米的松林口，然后弃车步行。

藏东南的七八月，正是河谷地区麦收的季节，山桃红了，核桃也快成熟了，真是山肥水美的好时光。可是一过松林口，海拔刚过3500米，眼前竟是一片茫茫白雪，这样的海拔高度在西藏的大部分地区即使刚降下一场大雪，也不会无路径可寻的。可是由于这里处于南亚印度洋湿润水汽的通道，距此直线距离不过几百米的山口南边正是喜马拉雅山南坡，强大的气流沿着南多雄藏布谷地一路推进，尽管多雄拉山口海拔才4300米，却会在突然之间风起云卷，随时都可能降下一场纷纷扬扬的大雪。抬眼望去，不仅那“之”字形的羊肠小道上积满了皑皑的白雪，就连松林口附近的原始森林中也铺上一层厚厚的雪被。

一种跨越喜马拉雅主山脊的原动力驱使着我，一种深入墨脱边境考察的责任呼唤着我，在解放军战士达娃的陪同下，我们迎着夹杂着冰冷雪花的寒风踏上了第一次赴墨脱的征途。山路很陡也很滑，最让人担心的是看不清雪层下面的“路”。有时看似平整，可是一脚踩下去，竟是一个深深的乱石臼。幸好我们拄着冰镐，迈步之前用冰镐探探深浅软硬，然后再抬步向前。不过如此一来行军速度大受影响，当天还必须翻过山垭口，直奔南面一个叫作拿格的兵站住宿。从派区出发到墨脱县城之间很少有居民村落，尤其到背崩乡以前的南多雄河谷，一路除了有3处兵站之外，中间是找不到任何站点可供行人食宿的。门巴少数民族村寨都远离步行小道，坐落在高高的山坡上。

在藏北无人区考察时，考察队的汽车被困河中

正当我们像蜗牛似的在雪地中一边探路一边行进时，我突然发现在小道的雪地中露出了一点又一点血红色的花朵。综合考察多了，我跟着植物组的同志们学了不少植物学的知识，知道这就是可以生长在海拔4000米以上的雪层杜鹃，有植物生长的地方微地形一定不会存在太大太深的“陷阱”，于是我示意随行的达娃照着有雪层杜鹃生长的地方下脚，果然行军速度提高了许多。

终于在寒风大雪中越过了多雄拉山口，看着藏族边防战士被冻得发紫的脸庞，我心存感激地朝他笑了笑，达娃却对我说：“张队长，你的头发上都结霜了。”我信手一摸，只觉得一头的冰碴咔嚓咔嚓直往下掉，脖子里感到冰凉冰凉的。这冰凉使我更加惬意，更加自豪，更加觉得有一种亲近大自然、了解大自然的成就感！

站在海拔4300米的多雄拉山垭口上，只见喜马拉雅山南坡仍然山峦层叠，更加林木葱茏，一阵又一阵的气流像海浪一样由南而北向我们袭来，谷地两岸的山崖上悬挂着道道飞流直下的瀑布，有的瀑布源头太高，还没有溅落到谷底就被山风吹散形成片片雨雾。

美丽的阿里高原

阿里高原的气象观测站

进入南坡后虽然一路下山体力消耗不如上坡多，但一阵气流一阵雨，脚下的路就是一条弯弯曲曲的小溪，为了天黑前赶到拿格兵站，只得冒雨跑步前进……

我这一生中有许多时间都在“路”上走，而不少的“路”并不是真正意义上的路，至少不是太过平坦的路，而是充满无数艰难险阻的崎岖的考察探险之路，也是指引我一步一步走向成功，并且得到无数喜悦和满足感的、温暖在自我心中的一条真正的“天路”。

关于墨脱的故事

说到西藏的墨脱，许多没去过西藏的朋友也许一时没有多少印象，但说到那是我国最后一个通公路的县，恐怕就很少有人不知道它了。

墨脱在藏语中是“鲜花盛开的坝子”的意思。墨脱地处喜马拉雅山脉东端南麓雅鲁藏布大峡谷下游地段，高山峡谷、森林密布，山顶上冰川四溢，白雪如银，谷地中雨林葱茏，四季如春，各种山花野花一年四季此起彼伏，从山下到山上，次第绽放，盛开不断，真是花的世界、花的海洋，“墨脱”的确名不虚传。

和内地一样，在西藏几乎每一个地名都赋有一定历史文化或自然景观的意义。例如，拉萨即是藏语中“圣佛之地”的意思；达孜即为“形似老虎的山峰”；尼木即为“麦穗”的意思，是说那里盛产小麦和青稞，气候一定温和宜人；当雄即为“数一数二的牧场”，指那里牧草茂盛，牛羊成群；那曲就是“黑河”的意思。那曲海拔达4700米，冰川雪山上的融水流下汇集成河，水深呈蓝宝石般的色泽，这是著名的国际河流怒江的上游；嘉黎意为“神山”，那里地处念青唐古拉山中段，森林密布，河湖纵横，十一世班禅大师的故乡即为那曲地区的嘉黎县……

墨脱县是我国门巴族和珞巴族聚居之地，其北部为深山峡谷，南坡紧接印度半岛的喜马拉雅山南麓，那里直接受南亚孟加拉湾湿热水汽气流的影响，降水十分充沛，当地群众都生活在一些高地平台上，以防随时都可能发生的山体滑坡、泥石流等自然灾害的侵扰。

生长在高原上的杜鹃花

门巴人和珞巴人的肤色和长相似乎更接近川西和云南西北部一带的少数民族或汉族，极少部分也有南亚民族的某些特征，但其语言和许多生活习俗却深受藏族和藏传佛教的影响。门巴人和珞巴人有语言无文字，除了自己的语言之外，不少人也通藏语，随着西藏和平解放尤其是改革开放之后，不少年轻的门巴人、珞巴人也会讲汉话甚至还会讲一些英语、日语等外国语。门巴和珞巴语也属于汉藏语系中的藏缅语族，他们的历史文化中还有许多未解之谜。

那曲的藏族女子

那曲的草原赛马

墨脱是我国印度虎分布的地区之一，2002年有人曾在墨脱北部山区的格当乡一带见证了印度虎的出没。墨脱也是我国亚热带雨林集中分布的地区之一，甚至不少热带北缘的植物在这里都有生长。比如珍贵的龙脑香树、植物活化石树蕨在这里都成片生长。除了茶叶、水稻、玉米等许多内地江南一带栽种的农作物品种在这里生长良好之外，这里还盛产一种叫“曼加”的旱稻作物。“曼加”的谷穗形似鸡爪，在四川、云南、贵州、湖北一带曾有种植，俗称“鸡爪谷”。墨脱人除了用曼加稻米做饭之外，还用它来酿造一种类似江南一带米酒的酒精饮料，甜酸中略带苦涩，酒精度比醪糟要高一点。一天劳作之后饮一勺曼加酒，爽口解渴，疲劳全消。曼加酒是墨脱人一年四季都离不开的常备饮料，就和藏族地区的青稞酒一样。曼加酒还是衡量一家富裕程度的标准之一，也是年景丰歉的一种明显的指示器。家境富有、粮食丰收酿就的曼加酒自然是缸溢桶满。

墨脱人还残存着某些新石器时代古老的文化习俗，竹筒蒸饭、石板炕饼、石盆石锅烧水煮饭。随着现代意识的输入和增加，墨脱人变原始为时尚，利用自己传承千年的古老落后工具为现代旅游提供品牌食具。比如目前已传入内地的墨脱石锅鱼、石锅鸡就是不少内地人、外地人，甚至外国人争相品味的一道生态美味菜品。曾有朋友送我一套墨脱产石锅，当时嫌重说以后有机会再带回内地，现今想起来后悔不已。20世纪80年代初我第一次进墨脱时，时任墨脱县县长的门巴族扎巴同志送了我两枚可能属于新石器时期的小石斧，我如获至宝，一直珍藏，以作为我去墨脱考察的永远纪念。

汉族地区人死亡后原来时兴土葬，历史上部分地区流行悬棺葬。西藏地区则除了个别地区有土葬之外，最多的则是天葬、塔葬和水葬。现在和国际接轨，无论是内地还是民族地区，都普遍提倡火葬了。但在墨脱则有一种以前闻所未闻的殡葬形式：树葬！就是将死人的尸体盛入一个竹筐或树筐之内，固定在一个树丫上，远远看上去像是一个大大的鸟巢。

在墨脱地区考察多了，就会体会到那里的桥是多么“难过”。

墨脱人用竹篾和藤条在河谷上架起的藤网桥

长期以来，墨脱地处高山峡谷，交通极为不便。不说与外界交流，就是村与村、户与户，甚至一家人自己出门种地、上山打猎都举步维艰。于是门巴人和珞巴人就用竹篾和藤条搓扭成绳索想办法在河谷上架起藤网桥或溜索桥。通过这些桥索时不能多人同时行进，也不可负担太重，否则一旦桥索裂断将会跌入滚滚急流之中。1951年西藏和平解放后，墨脱人终于使自己的桥索档次提高了一步，那就是从内地运来钢索铁链，桥索得以加固。即使这样，不少网桥溜索，人可过，但大型牲畜却无法通行。在墨脱县城就有这种情形：住在东岸墨脱村的门巴人在雅鲁藏布江西岸耕种土地时，不得不将牛棚马圈分建在西岸，人可以来回跑，牲口圈则随田地而建在河的对岸，这也是墨脱门巴人和珞巴人所独有的农耕文化风景线。在20世纪60年代，驻军某部用人背马驮运进了钢筋水泥等现代建筑材料，在墨脱县城南面约30千米处背崩村附近的雅鲁藏布江上架起了一架钢索吊桥，这是墨脱历史上第一座具有现代化元素的桥梁，桥长约100米，宽约5米，几十人和大型牲畜可以同时通过。

随着国力的增强，中央政府对西藏建设的投入逐年大幅增加，多次对墨脱的马行道和公路进行拓建。1993年墨脱的公路初通，但常受沿线自然灾害如洪水、泥石流、雪崩的损毁。在新千年到来不久，墨脱终于有了自己较为顺畅的公路，各种车辆可以在年内大部分时段内驶入墨脱。

近年来，中央财政又拨出更多的资金和物资，在常年大雪封山的嘎隆拉山中开通了一条高等级的公路隧道，墨脱人即将有一条上等级的通衢大道了。但是保留在一些边远山乡中的部分网桥溜索仍然发挥着它们古老而又实用的作用，一些探险旅游的人还专门寻踪觅影地步行深入到门巴、珞巴村寨去体会一把过网桥渡溜索的刺激。

墨脱由于纬度偏低（县城位于北纬27° 附近，与印度新德里和我国南昌市差不多），加上雨水丰沛，河谷地区气候湿润温暖，雨多、蛇多、蚂蟥和毒蜂多。考察时我们要请当地门巴或珞巴同胞为我们砍开茂密的杂树草棘后才得以前行。可是三五天后返回时，那“路”上又生长出更茂密的植物来。正应了孟子的那句话：“山径之蹊间，介然用之而成路，为间不用，则茅塞之矣！”不过墨脱之山径中“茅塞”的周期也太短了些。至于墨脱的蛇，可以这么说吧，如果心里想到了蛇，也许你下意识地低头仔细向草丛中搜寻时，就会有一条青花蛇或乌梢蛇“哧溜”地从脚下溜走；要是抬头向前面的树梢望去，也许就会有一条像太空改良杂交大豇豆似的长蛇正挂在树枝上“打秋千”呢。不过蛇类一般不主动攻击人，只要你不去踩或挑逗它，蛇会尽量避开人们的视线“我行我素”，过它们自己平静的日子。

帕隆藏布江上的“握桥”，已多被现代化永久性钢筋水泥桥取代

墨脱的蜂巢也到处都可以看到，只要人们不去骚扰它们，它们更是不会主动飞来“毒”你蜇你的。很显然，蜂们只是以花蜜为食，它们以自己辛勤的劳作为自己也为我们人类酿造着“甜蜜的事业”，夜以继日，生生不息。要是不小心，惹恼了它们，对不起，它们会群起而攻之，不刺蛰得你落荒而逃不算罢休，弄不好遇上有毒的蜂，也许还会丢掉性命呢。一次在墨脱的一处村寨附近见到一座山坡巨石面上，一字筑有十来个大“蜂包”，工蜂们飞进飞出，发出嗡嗡不停的翅鸣声，吓得我们提着一颗几乎跳动停顿的心，蹑手蹑脚地噤声而过，连相都不敢照，生怕揿动快门的声响惊动了那随时会倾巢而出的蜂群。不过事后又十分后悔未能拍摄到那昆虫建筑师们所建造的充满无数神奇的“别墅”杰作。要知道，人类设计师和建筑师可以营造出2008年北京奥运会主体育场“鸟巢”那样的宏伟建筑，却未必能够用同样的材料、同样的尺寸设计和营造出蜂群赖以生存繁衍的蜂巢来。

帕隆藏布大峡谷上的百米吊桥

墨脱还是目前世界上遗存不多的保持母系社会或一妻多夫制的地区之一。20世纪80年代初，当时墨脱县某领导的母亲便有两个丈夫，一位是县政协主席，一位是农民。农民丈夫受妻子支使完成一年四季的农活、拾柴挑水等生活必需的劳作；在县上工作的丈夫则每月如数将工资所得交给妻子。妻子除了为两个丈夫生育子女外，还负责包括两位丈夫在内的全家日常生活起居、穿衣吃饭诸般事宜。要是在山中村寨里这类事情更见惯不惊了。随着改革开放的深入发展，这类原始的家族制和婚姻状况应该越来越少了，因为门巴和珞巴人的子女们多数都可以上学了，不少年轻人学校毕业后或分回当地做干部，或分配到外地工作，他们的观念和祖国其他地方的人们一样，与时俱进、日新月异。

墨脱长期以来看似与外界交流不多，但就是在那不通公路的时代，几乎每天都有墨脱山民背着山那边生产的竹制品、木制品或者北边高原地区压根就不出产的香蕉、大米、曼加酒和一些地方特产越过喜马拉雅山垭口，滑着溜索跨过雅鲁藏布江激流来到米林、林芝、波密一带，换回他们日常生活所需的盐巴、白糖、布匹和白酒……

为了墨脱山民或边民们过山外出食宿方便，同时也为墨脱党政军干部职工进出方便，自治区政府在波密、林芝和米林三个县内分别划拨土地，建立墨脱办事处和边民招待所。米林县内的办事处设在米林县靠近雅鲁藏布大峡谷入口的派乡，林芝县内办事处设在林芝县八一镇，波密县内办事处则设在县政府所在地扎木镇。

当墨脱县还不通公路的时候，上级政府为墨脱县配备的大小汽车只能停放在各地办事处内，从拉萨或内地回来的人乘汽车回到办事处后不得不弃车步行或骑马返回墨脱，从墨脱外出学习、开会或探亲的人先步行或骑马来到办事处后再换乘汽车直奔拉萨。一些开车的司机虽然身份是墨脱人，可是在公路未通以前的几十年内竟从来也没到过墨脱地界。因此设在米林、林芝和波密3个县内的墨脱办事处也就成了墨脱县属本土之外的三块“飞地”。

保留在察隅、墨脱一带的20世纪60年代的毛主席语录

由于地理条件和环境的特殊性，这种“飞地”现象在西藏和青海境内还有一处，那就是举世闻名的我国第一大河长江源头的格拉丹冬地区。从地图上看，唐古拉山口以北属于青海省辖区范围，但就在属青海省辖区范围之内的雁石坪却是西藏自治区那曲地区安多县的一个乡级行政单位。雁石坪乡是牧区，这里的牧人帐篷一直延伸到海拔5800多米的长江之源格拉丹冬峰的冰川末端。1989年我赴格拉丹冬地区考察冰川时，问及那里的牧人们是哪里人，他们无一例外地回答说是西藏人，因此从雁石坪延伸向长江源头的那一大片牧场自然也就成了西藏在青海省境内的“飞地”了。

墨脱虽然长期处于半封闭状态，可是令人惊奇的是20世纪六七十年代那场史无前例的“文革”运动都丝毫不走样地波及了墨脱的村寨。“标语、口号、红海洋”一样也没少地曾在墨脱县出现过。为了适应那时的氛围，不少当时的年轻人纷纷改名换姓以增加“革命”色彩。比如当时墨脱县背崩区委书记就改名为“红卫”，还有一些同志改名为“红忠”、“红果”、“红梅”等。

都说去墨脱的公路难修，其实从波密或从米林到墨脱县城公路里程最多不过150多千米。我都亲临体会过这两条线路的走向和地质地貌状况，难度的确有，但与当年川藏公路和成（都）昆（明）铁路、青藏铁路的修建难度相比，那又算什么呢？想到“文革”十年的影响都能飞越高山，渡过峡谷，影响到墨脱当年的家家户户，那么150多千米的公路怎么会那么“难”修呢？

林芝地区宁静的田园风光

西藏林芝尼洋河风光

受一种藏东南地区原始宗教影响，墨脱地方以及与墨脱毗邻的米林、林芝部分村寨，据说有“施毒移富”的习俗，就是说如果看到外来客人或人才出众或富裕有钱财，便将一种慢性毒药悄悄放入曼加酒或青稞酒之中，客人啜饮后并不马上中毒而亡，而是在两年或三年之内死去。当中毒人死后，他们的长相、财富便会自然而然地转移到了施毒人的家族之中。这种风俗就连当地的门巴人和珞巴人都不曾否认，有一些干部要是下乡归来正好生病往往也会怀疑是否中了毒。我认识的一位曾在波密和林芝工作的相当有级别的藏族朋友，就曾怀疑中毒患病，还多次赴北京、上海就医。后来身体逐渐复原，看来那所谓中毒的怀疑并无十分的根据。我在墨脱、波密、米林、林芝科学考察过数十次，后来赴西藏自治区政府任职区发改委副主任时也多次到这些地方下乡视察，当地农牧民招待我们的曼加酒、青稞酒和酥油茶、糌粑，我一样吃喝得津津有味，可是照样平安无事，活得很好。我是一个不信邪的人！

墨脱植被茂密，山林中一年四季都有各种鲜果、坚果供动物甚至人类觅食，如果有人误入深山，一年半载也不愁得不到食物而被饿死。

林芝小康新村

在从背崩去墨脱县城的路上要翻过一处叫西让的山垭口。在山垭口附近的山坡上因山民刀耕火种，烧焦的山林还隐隐散发出炭糊的气味，在布满灰烬的山地中生长着随意撒播的玉米和黄豆苗，这是墨脱至今还遗留的原始的刀耕火种的农耕文化现状。就在这火烧地的源头发育着一座古冰碛湖（也许是山地泥石流堰塞湖），湖中游鱼可鉴，湖岸绿树垂荫。有个北京植物研究所的同事告诉我，他们在这里设营考察时曾在一天傍晚听到湖对岸密林深处似曾有母亲呼唤儿女归来的声音。可这方圆四周并无人家居住，我曾在一篇科普散文中将此描绘成是墨脱“野人”出没，虽然我并不相信目前我们这个星球上真会有野人存在。

西昆仑山中的故事

在中华民族的渊远历史长河中，昆仑山总是充满着神秘而浪漫的色彩。

中国古代的地理志书《山海经》和《水经注》在记述中国西部无考的大山时，都会冠以“昆仑山”以概之。在对上天神仙的描述中，更是将王母娘娘的御花园设计进了昆仑山：那里是西王母瑶池所在地。伟人毛泽东更是将昆仑山作为他诗词中歌颂的对象。在中华民族的不少典籍之中，作为大山之宗，昆仑山具有十分崇高的地位。

昆仑山东与秦巴山脉相接，西连帕米尔高原南缘，东西连绵3000多千米，是中国最长的山脉，也是地球上最长的山脉之一。由于太长，地理学家将它划分为东昆仑山、中昆仑山、西昆仑山和喀喇昆仑山。

西昆仑山脉指西藏自治区与新疆维吾尔自治区毗邻的那一段山脉，其全长约1000千米，东有著名的木孜塔格峰（海拔7723米），也是西昆仑山最高峰，西有慕士山（海拔7282米），中部有昆仑峰（海拔7167米）。

西昆仑山北坡面朝干旱少雨的塔里木盆地，南坡与巍峨连绵的青藏高原相连，从印度洋北来的湿润气流翻山越岭、长途跋涉之后，在宽大厚实的西昆仑山脉一带与西来的西风北支槽气流复合形成规模虽不很大但却长期稳定的降水。年降水量仅200多毫米的水量补给在海拔5500米以上几乎全年都以雪的形式降落在雪线以上的西昆仑山积累区。于是经年累世，便在西昆仑山脉中形成发育了我国又一个现代冰川作用中心。据不完全统计，西昆仑山地区共发育着4306条现代冰川，冰川面积多达8438平方千米，其中长度在20～30千米的大型山谷冰川虽然仅有652条，但它们的面积却高达3300平方千米。

毛泽东曾盛赞昆仑山冰川雪山是“飞起玉龙三百万”，虽为浪漫主义文学语言，但对于参加过西昆仑山冰川科学探险考察的人员而言，备感亲切和贴切。

1985年秋季，当时我刚结束世界第二高峰乔戈里峰地区叶尔羌河冰川洪水科学考察返回兰州，时任所长谢自楚教授说为了1987年实施大型中日联合西昆仑山冰川科学考察，让我参加1985年秋季西昆仑冰川侦察考察。于是我重新踏上了西去新疆的远征之途。同行的有日本极地研究所教授渡边兴亚先生和时任北海道大学助教授的中尾正义博士。渡边兴亚走南闯北，到过世界上包括南北极、喜马拉雅山在内的很多冰川区，1981年还在我的陪同下到天山博格达峰参加过中日冰川联合科学考察。中尾正义先生是第一次接触，他的英文讲得十分棒，做事井井有条，比一般日本学者更具有细致入微的工作风格。

在新疆叶城作进山准备的时候，按照那时接待外宾的要求，每天必须要有啤酒等饮料供应。在兰州时我就随车买了许多兰州生产的黄河牌啤酒，日本朋友认为口感不错，和日本的札幌牌啤酒差不多。但是八九月份的叶城天气正热，那时的中国县、地一级的宾馆中几乎都没有冰箱等冷藏设备，这两位日本冰川学家又都是特别喜欢喝啤酒的“饮君子”，说起啤酒来那味道似乎又深又长，但他们都更爱喝冰冻凉啤酒。可是从哪儿去弄冰块呢？我找到当地有关单位，但都无果而返。回来后发现中尾正义在房前的街沿上打来一盆凉水，将啤酒置入水中，用凉水打湿的毛巾使劲对着淋湿的啤酒扇着风，原来他是利用吹风增加水分蒸发降低温度的方法让啤酒降温。结果一试，瓶中的啤酒果然凉多了，但再一看中尾正义博士，却因扇风用劲早已满头大汗。从日本朋友的这种"聪明"行为里,我终于懂得了什么叫作"得不偿失",当我把自己的想法告诉了在场的渡边兴亚教授后,他也前俯后仰地大笑了起来。

同样在叶城的准备期间,一次我带两位日本朋友去吃烤羊肉串,中尾正义一定要几串我看来根本无法食用的不到五成熟的羊肉串,我怕他吃坏了肚子,就劝他要吃就吃烤熟了的。可是这位日本同行却坚持一定要吃那一看就没有熟的又肥又大的羊肉串,没办法只得依着他,殊不知一块肉还没嚼几下,他便脸色大变,可又不好意思地当着我的面吐出来,只有胡乱地嚼了几下,硬是生吞了下去。原来新疆的绵羊太肥,尤其是大尾巴处的羊肉更肥,但只要烤熟了还是很香的。中尾博士要的那一串表面上看上去虽然变了色,但估计里面的肉还凉着呢!从此中尾先生再也不提吃半生不熟的烤羊肉串了,因为他接连拉了两天肚子!

我们驱车沿新藏公路先后翻越库地达坂、麻扎达坂和康西瓦达坂,经过四天的长途旅行,进驻到海拔5000米的甜水海兵站,休整两天后,我们将要进入西昆仑山侦察考察。

经过四天的行车适应,其余人等都还没有什么明显严重的高山反应,唯独中尾正义博士大概受生羊肉串吃坏肚子的影响吧,下车后坐在兵站接待室内就像失去了魂儿一样,脸色灰白,嘴唇发紫发乌。我问他感觉如何,他说过一会儿就好了。我劝他输点氧气,他更是连连说"No, No",可是我却心中有数,在海拔这么高的地区治疗高山反应最好的良药就是吸氧。边吸氧边睡觉,一夜休息之后,第二天体力一恢复,就会慢慢地适应环境。

安排好住宿后,我自作主张让兵站接待士兵为中尾正义送去了一个大氧气瓶,不由分说地让他和衣躺下,套上氧气面罩。到晚饭时我去看他,发现中尾正义的面色已变得红润起来,兵站送去的馒头、稀饭他一样也没剩下。第二天精神完全恢复后的这位日本朋友不住地对我表示感谢:"阿里阿托郭扎依玛斯!"(日语,谢谢的意思)以后每次见面他都会往事重提,感谢我那次对他的细心照顾。

我又想起凉啤酒的事，可是在这样的高海拔地区，无论是中尾正义还是渡边兴亚先生都不提要喝啤酒了，都说只想喝中国的热茶。同样是八九月夏秋之交的季节，可是西昆仑山海拔5000米的地方却已滴水成冰了，要是晚上将啤酒置于室外，一会儿便会结成满瓶的冰碴。

几被遗忘的邮票精品

我没有刻意集邮的爱好和习惯，但有意和无意间还是收集了不少的首日封、四方连和一些名家名人亲笔签名的邮封。有珠穆朗玛峰的，有雅鲁藏布大峡谷的，有南北两极的。从邮品内容上看，有社会的、历史的、人文的、动物的、植物的……虽不成系列，但偶尔与人提及，不少朋友总是向我索要，我也会慷慨赠予，觉得有人喜欢，说明那东西真的有些价值。

西藏民主改革之后，几乎每个县城所在地都设有邮局，但由于西藏人口比较少，来往邮件不如内地那么多，发行到西藏的邮票被长期积压在邮局的仓房之中。

作者和著名科学家杨逸畴教授在南迦巴瓦峰

1982—1984年，我参加了由杨逸畴先生任队长、高登义先生任副队长的中国科学院南迦巴瓦峰登山科学考察队，对南迦巴瓦峰及周围地区进行了三年、四次野外科学考察，我任冰川组组长。说是冰川组，实际上只有两个人，另外一位就是从事冰川第四纪沉积研究的张振栓同志。由于一次骑马考察时摔伤了腰脊，张振栓在林芝野战医院住了好长时间，治好后第二年他再也没有继续参加考察了。同时配合考察的还有林芝某边防部队的三位战士，一位叫邓仁伍，是四川汉族，另两位是西藏藏族，一位叫达娃，一位叫扎西。小邓转业回四川后不知从事什么工作了，但扎西和达娃后来都被提拔当了干部，不过再也没见过面，想起来倒也十分怀念。

南迦巴瓦峰登山科学考察属于多学科组成的自然资源综合考察队，除了冰川专业之外，还有地貌、地质、大气物理、水文、动物、植物等专业。其中来自于长春地质学院的小徐同志，除了自己的地质专业之外最大的爱好就是集邮。我们乘汽车从成都出发后，每经过一地，小徐下车便直奔当地邮局，几句好话一说，邮局的服务员便允许他进入营业台后面的库房，由他翻、任他选。在20世纪80年代初期的川西、西藏地区，几乎没有人对那些尘封十几年甚至几十年未被售出的邮票上心在意，甚至还巴不得有人全数买走呢！殊不知这正中了小徐的下怀。小徐看到我们这些“邮盲”们每次都无动于衷，于是就给我们上起了“集邮”的普及教育课，说集邮是文化、是知识、还是财富。一次在波密县邮局，我也终于前去凑了一回“热闹”，花了几毛钱买到了20世纪50年代发行的川藏—青藏公路通车的普通邮票，面值是2分。后来我去中国科学院外事局办理出国批件时，一位工作人员听说我有此邮票，一边积极地为我办理相关文件手续，一边不好意思地嘱托我下次一定送给他一枚面值2分钱的纪念川藏—青藏公路通车的小邮票。我既已承诺，不久后找出一枚趁赴京办事时送给了他。朋友千恩万谢，果然如得到一件“得来全不费功夫”的宝贝一样开心。

世界上的任何事物都在于一个“喜欢”，在局外人看来极为普通的东西，在喜欢收藏者的心目中，那就是“踏破铁鞋无觅处”的珍宝。

羊卓雍错的鱼多得就像在鱼市上一样

在20世纪70年代，西藏的江河湖塘中的鱼真是多得无法形容。有人说那时西藏人不吃鱼，后来也有一些土生土长的西藏朋友告诉我说西藏人不吃鱼是误传，他们从小就吃鱼。不管如何，当年我在羊卓雍错的所见所闻足以诠释羊卓雍错中的鱼多得像到了鱼市场一样，要多少有多少，要多大有多大。

记得有一天，当我们抄完必要的气象资料后，浪卡子县气象局来自河南省姓刘的夫妇说带我们到羊卓雍错去“打鱼”。我们问要带什么打鱼的工具？老刘说只需要提上装鱼的桶就可以了。于是司机李来成开着解放牌大卡车，我们一人提一个平时洗脸、洗脚、洗衣服、洗菜、做饭、提水等多功能兼用的塑料桶，乘车到了湖岸边。老刘带着我们来到一个叫卡鲁雄曲支流的入湖口，在入湖口的狭窄处有一座当地农牧民用来磨糌粑的水磨。水磨在西藏是一种最普及、应用最广泛的水动力机械设施，西藏群众都说这是当年文成公主进藏与松赞干布和亲时带去的技术。

在西藏，只要有人户，只要有水沟，就会听到水磨那无比欢愉且永不停歇的转动声。由于民风淳朴，藏族同胞再穷也不会轻易向别人索要什么，因此绝大多数水磨在工作时几乎都不需要人的照看。藏族同胞们将要打磨的青稞、小麦或豌豆之类的谷物装在一个牛皮、羊皮或其他动物皮缝制而成的口袋之内，悬在水磨上方，袋口向下对准水磨磨心入口，收束袋口，按一定速度和数量使谷物缓缓地流入水磨口中，主人便可离开，关住磨坊简易的木门，也不加锁。估计时间差不多了，地里的活儿告一段落了，或牧场的牛奶也挤完了，于是主人再回到磨坊将磨成的面粉装好带回家。在西藏极少发生村民彼此偷盗的行为。由于在上磨之前，这些谷物都已被炒熟加过工，因此磨成的面粉可以直接食用，这就是藏族人民赖以生存的传统主食——糌粑。我们在每次考察途中都会见到这些坐落在冰川融水河道上的串珠似的水磨群，远远就会闻到那弥漫在整个青藏高原上的浓浓的糌粑的香味。要是实在饿极，你可以大方地进入磨坊，取食炒熟的青稞麦，或品尝已磨成粉状的糌粑面。厚道的藏族同胞绝对不会怪你偷吃了他家的东西，说不定还会提来酥油茶、青稞酒和风干牛羊肉，也许还有辣椒酱拌藏香猪肉，着实让你美餐一顿呢！

这座位于康定折多河上的石桥据说是当年文成公主进藏时的遗迹，被称为公主桥

羊卓雍错中的鱼多得不可胜数，而流入湖的大小支流中也游弋着各色各类的鱼，尤其在水磨坐落处的小潭中，大概糌粑的美味吸引着更多的高原鱼儿趋之若鹜漫游于此，尽情地享用这些人类不经意给它们提供的食物。由于多数当地藏民同胞不喜食鱼，于是这些鱼们自然将水磨转动处当作了它们“不劳而获”的“天堂”。殊不知随着时日的推进、交通的便畅、信息的传达，无论是当地人还是外来人都对羊卓雍错湖里的鱼儿们产生了浓厚的兴趣，除了驾船在湖面上撒网捕捞之外，一些聪明的人还打上了水磨坐落处的主意，因为一旦将水磨上方的水闸门关上，水磨停止了转动，转盘所在的小潭便会鱼群毕现。这时只要用水桶或水盆在静静的水中那么一舀就是一桶一盆的鱼，你说这不比鱼市的鱼还多还方便吗？

聪明的浪卡子气象站老刘带着我们不到一个小时便足足捞回了好几十斤羊卓雍错的高原鲤鱼。这种鱼看上去无鳞无甲，但后来据武汉水生生物所著名的鱼类专家陈宜渝教授说，其实这种鲤属的鱼乍看上去似乎无鳞，但仔细观察，其实有鳞有甲，只不过鳞甲又小又细，因此在鱼类分类学上被称为细鳞鲤。按传统感观，也有人将其称为“裸鲤”。

西藏的水磨坊

这些鱼大的有一尺来长，小的也有五六寸。由于第一次在极小水域中看到这么多的鱼，我在捕捞时竟有身入蛇群的感觉，就是这种感觉让我从此之后几乎再不敢多看鱼儿几眼，更是到了几近于不食任何鱼类的地步。

那次一下子捕了那么多的羊卓雍错的鱼，冰川组人少，一时吃不了，好在浪卡子县城离拉萨不远，于是趁大家上冰川前适应休整之间，司机李来成开车载着郑本兴（冰川组副组长，著名的第四纪古冰川学家）和我回到设在拉萨北郊的考察队本部，送了两大桶仍很新鲜的高原鱼给队部留守人员改善伙食。

科学考察探险的“纪念品”

每次我从冰川科学考察归来，一些朋友都会好奇地问我此次出行又发现了什么“宝贝”？

就学术研究而言，每次考察必有收获，原因很简单：我们所去考察的地方几乎都是无人区，更是科学研究的空白区，哪怕拍一张照片回来也都是十分珍贵的资料。在我的书房中，各种黑白、彩色胶片以及幻灯片、影像资料成千上万。其中有许多资料连我自己都不可能再去采集，比如位于喜马拉雅山主山脊上的“雪原旗树”；位于雅鲁藏布大峡谷墨脱县城附近的“竹藤网桥”，前面提到过的培龙泥石流发生现场的泥石流场景。照片资料有的是长江源头冰川的变化，有的是珠穆朗玛峰、喀喇昆仑山以及西昆仑山冰塔林当年的壮观景象。其中许多资料都无法复制了，比如墨脱的“竹藤网桥”已被2000年易贡冰川泥石流洪水冲毁；有的景观因气候变化早已面目全非，比如珠峰、西昆仑山冰塔林；有的则因道路变更或风雪灾害损坏，难以找到原始地形地物了（比如喜马拉雅山主山脊上的“雪原旗树”）；至于南北两极，更非任何人说去就能去的地域。

由于长年风吹，所以这些树横向生长，被称为“旗树”

除了科学考察的资料，我还有意无意地收集到一些考察区内的化石或有些纪念意义的石块带回家中，在工作之余取出来抚摸、欣赏、把玩。这些纪念物品不仅本身形状令人惊叹，还能勾起对许多年前的记忆。

壮观的高原雪山“旗树”

1983年我赴墨脱徒步考察时，结识了时任墨脱县县长的扎巴同志，他送给我两枚石斧。石斧呈墨绿色，质地十分细润，虽有一些破损，还略染些许泥土锈迹，却透射出久远古朴的历史韵味。中华民族大家庭中每一个民族的祖先都曾经历过久远漫长的进化旅程，我收集保留的那两块石斧一定是当地门巴人或珞巴人先祖们在生存的实践中所用过的工具。令人惊讶的是这些石斧的形状与内地新石器时代的石斧竟如此的形近质似。可见世界上无论哪个民族，在他们各自的繁衍、发展中都无一例外地具有同样的智慧、同样的聪明和近似的演变轨迹。

1996年在世界最高峰珠穆朗玛峰5200米的绒布冰川末端冰碛滩上，在一次考察结束返回营地的步行中，我发现了一块大如恐龙蛋的又白又圆的花岗砾石，我爱不释手地拾起放入身后的背包。然而，当我再前行十几米远的时候，眼睛一亮，竟然又发现了一块大小差不多，但青白相间的石面上竟奇幻地生长着一个类似熊猫的黑色图案，霎时我的心似乎停止了跳动，生怕那块熊猫图案石会在我眨眼的工夫间消失掉。我赶快用双手拾起了它，将原来那块纯白如玉的石块不情愿地取出丢掉（野外采集的标本太多太重，必须有所选择），装进了这块如获至宝的珠峰熊猫石。当时同行的有深圳大学青年女教师梁群，我背对世界第一高峰，手托熊猫石，请梁群为我留下了一张珍贵的照片……

作者在珠峰绒布冰川上背对世界第一高峰，手托熊猫石

珠峰熊猫石和菊石化石

冰川地区随时都可以发现各种各样的奇石。因为冰川在缓慢的运动过程中会对裹挟其中的冰碛石进行细细的研磨，要是稍加留意，一定会发现更多、更令人心仪的宝贝石头。

经过科学家们的考察、媒体的宣传，现在无人不知道青藏高原和世界最高峰曾经是由海洋隆起升高演变而来的。除了地质学上的大量证据，比如珠峰地区有大量的石灰岩、砂岩、泥质板岩等岩石，这些岩石只有海洋和湖泊才能因沉积而形成；同时更有不少当年生活在海洋之中甚至深海之中的底栖动物化石分布在世界最高峰地区，其中有一种分布十分广泛的海洋底栖动物——菊石的化石在珠峰地区几乎随处可见。当地群众在开地、修路或盖房屋时不经意之间就能刨出一大堆这种具有美丽的螺旋图案的菊石化石来。在我家的博物柜里保存着几块珠峰的菊石化石标本。每当看到它们那立体而美丽的生动形态，我的思维仿佛又回到了世界第一高峰那晶莹剔透的冰塔园林之中，仿佛追忆到亿万年之前那古特提斯海汹涌澎湃、巨浪惊天的壮观景象。

产自珠穆朗玛峰地区的海洋底栖化石

珠穆朗玛峰北坡冰塔林中的冰笋群

人们一提到南北两极时都会觉得天寒地冻，那里一定会是生命的禁区。可谁会想到在7000多万年以前，北极地区的土地上曾经艳阳普照，动物成群，森林片片。就在靠近北纬近80° 的斯瓦尔巴群岛的朗伊尔1号冰川消融区，我们就发现了大片十分丰富的阔叶林树叶化石。古生物化石专家告诉我，那些化石中有桑树科化石、栎树科化石，还有热带和亚热带的榕树化石。

南极是地球上最冷也是最高、最大的冰大陆，面积为1398万平方千米，冰雪层平均厚达3000米以上。有人推测，一旦南极冰雪融化解体，不仅地球上海平面要上升50～70米，而且南极洲将会变成一个千岛之国，因为不少地带冰雪一旦融化就变成了海沟海湾或内陆湖泊了。南极广袤的冰雪层之下蕴藏着丰富的矿物，还富含石油、天然气和煤。有煤的地方必然还会发现各种动植物化石。地质学家和古生物学家已经在南极采集到不少古生物化石，足以证明南极曾几何时也是季雨阵阵、四季分明、森林连绵、河川纵横的勃勃生机之地。

1987年我第一次赴南极考察时，同行的美国缅因州立大学地质系格鲁教授从南极大陆色尔罗丹山脉采集了一块他说是南极大陆最古老的石头标本送给我作纪念，他说这块石头形成于5亿年以前的寒武纪。

南极还是人类收集天外来客——陨石的最佳地！

地球上任何地方都分布有或多或少的陨石。每当夜幕降临之后，我们只要稍稍留意一下你头顶上的夜空，往往会发现一道亮光划破寂静的苍穹，那就是由外空进入地球大气层的小行星。但这些小行星在经过地球大气层的过程中，由于强烈的摩擦产生燃烧，一些未燃尽的残余物质跌落地面，这就是陨石。事实上，最后真正跌落到地球表面的陨石并不多。因此，地球上的生物大家族，尤其是我们人类，的确应该感谢我们头顶上这层厚厚的大气层，有了它的存在，我们的地球家园才不致被那些天外不速之客碰砸得千疮百孔。

由于地球表面70%以上是海洋和湖泊等水面，许多陨石沉入水底和广袤的海洋泥沙沉积到一起，这些陨石基本上无法被人类所发现和收集。还有不少的陨石虽然没沉入海底，却散落到地球大陆或岛屿的山间谷地，要是没有专门的仪器或者准确的跌落时间、方位，或者并非专门的科研人员，这些陨石也都只是静静地待在它们陨落的地方，和周围的石块、泥沙一起慢慢地被风化、被冲蚀，久而久之就被融入地球表面的土壤层中了。

为了方便地寻找陨石，科研人员将目光瞄准了南极的大陆冰盖，并成功地在南极冰盖上找寻到了数以万计的陨石。

南极冰盖中的地形地貌和其他大陆一样有起有伏，有山脉有谷地有平原有高原，只是它们都被厚厚的冰雪层所覆盖而已。由于冰盖上的冰流也会由较高的地方流向较低的地方，一些冰流在流动过程中一旦遇到山脉的阻挡，其速度便会降低，并向山脉上部超越。这样一来，就会在冰川由上游向下游的流动的过程中形成一种先向下，当受阻时便会再向上超覆的运动轨迹，这就是冰川科学家们认定的冰川“勺”状运动。由于在漫长的地质时期内总会有一些陨石跌落到这条冰流广大的范围内，但是它们总会随着冰川向下游运动而跟着运动，直到冰川遇山受阻时，这些历年跌落到冰面上的陨石便会集中到冰流受阻区域，并随着冰流向上超覆而富集到这一相当狭窄的冰川上表层地方，再经消融或风吹雪的作用，多数富集的陨石块便会自然而然地呈现在科考人员的面前。地球上的岩石无非就是火山喷发生成的火山岩、江河湖海等形成的沉积岩以及地球动力作用形成的变质岩三大类，而陨石经过大气层时由于高温燃烧，其色泽多呈焦黑色，且并无明显的层纹节理，科研人员会很容易地将它们识别出来。再说散落到南极冰面上的陨石与冰雪之间黑白分明，只要遵循前述原理，专业人员往往会满载而归。

水流中携带的砾石对坑穴的侧壁不断刮擦，使坑穴壁光滑如镜，其形似井，地貌学上称之为壶穴。由于造型特殊，素有“石面桶”之称

由于在南极收集到的陨石具有极高的科研价值，我虽然两赴南极却从未敢私自收藏它们，虽属遗憾，但又属必然的正常行为。

考察队员都可以在南极的海滩上随意捡几块南极石作为纪念品带回单位或家中。1988年春末夏初，当我结束南极科考即将离开南极大陆时，才在匆忙中到日本昭和站附近的奥古尔岛上随意捡拾了几块品相并不起眼的石头作为首次赴南极考察的留念。同行的日本朋友酒井美明先生见我拾到的石头太随意，于是将他在上年南极越冬考察时精心从花岗岩中剥离出来的一小瓶石榴子石送给了我，我自然如获至宝，珍藏至今。

2005年3月初，当我第二次赴南极考察时，在考察结束快登船离去的前几分钟，忽然在长城站的“站石”附近发现了一枚小如拇指的椭圆形砾石，上面分明有一对站立着的企鹅图案，我当然更是喜不自禁。作为此次南极之行的意外收获，我将它小心翼翼地放入背包中最保险的地方。

作者在朗伊尔1号冰川上接受中国中央电视台专题采访

2002年我赴北极考察，在斯瓦尔巴群岛的朗伊尔1号冰川考察时，和同伴们在冰川下游的消融区发现了大量的古树叶化石。《人民日报》副主编李仁臣先生在我的建议下，将一块重15千克的化石扛下冰川。带回了国内，那是那次考察我在朗伊尔1号冰川上见到的最漂亮的一块树叶化石。石块的前后左右全是各种阔叶树叶化石。我自然也不示弱，采集到数十块大大小小的化石，其中最大的一块也有好几千克重呢！

1998年，我率领瀑布分队17位队员首先徒步进入世界第一大峡谷雅鲁藏布大峡谷无人区核心区域，在认定、考察完绒扎大瀑布之后，在瀑布越过的基岩坝北岸采集了一块严重变质后的构成绒扎大瀑布的花岗片麻岩石标本，这自然又是我历尽千辛万苦进入该地区的特殊纪念品。

几十年来，我参加过不少大型、中型多学科或中外合作等科学考察探险活动，一些用品、用具、实物、邮品、照片，以及大量日记和撰写的科研论文、科普游记散文和各种专著，要是经过分类、精选，或者可以开一个私人科学探险考察博物馆呢。

叶尔羌冰川考察

1985年叶尔羌河冰川洪水考察让我记忆尤为深刻。

叶尔羌河位于新疆维吾尔自治区西南部塔里木盆地的西南缘，发源于帕米尔一喀喇昆仑山高山和极高山冰川区，出山后向东北方向流去，在阿克苏市南部汇入塔里木河，全长1100千米，流域面积仅中国境内达93630平方千米。

作者在羌塘无人区考察

叶尔羌河是一条以冰雪融水补给为主的内陆河流，上游冰川面积达5574平方千米，稳定冰储量达6.624×10^{11}立方米，是我国新疆最大的一条以冰雪融水补给的河流。叶尔羌河河水灌溉着中下游近4000平方千米沙漠绿洲，哺育着南疆150万（占新疆人口约1/10）各族儿女。

可是，由于中、下游人口的不断增加，工、农业以及生活用水也随之增加，致使其下游只见河滩不见水流。在许多年份或许多年份的枯水季节或用水高峰季节，叶尔羌河尾水竟不能与塔里木河贯通而自成内流系统。不过也有例外，那就是在某些年份的夏秋季节，叶尔羌河突发超高流量的洪水，铺天盖地的洪水流量比平时高5～10倍。更令人奇怪的是，其中一些突然而至的洪水似乎与流域内的天气过程尤其与降水天气过程完全无关，特大洪水来得急，停息得快，仿佛上游有一个储有大量水体的水库突然决口，滚滚而下的洪水随着"水库"的水宣泄一空，然后在很短的时间内偃旗息鼓，趋于平静了。

在叶尔羌河的上游的确存在着一些大大小小的"水库"，而一些特大突发性洪水还真是这些"水库"的突然溃决所致，只不过这些"水库"并非人为而是由于冰川的堵塞形成的"冰坝型"堰塞湖泊。

叶尔羌河的上游呈南东—北西走向。河流的西南岸便是由世界第2高峰乔戈里峰（海拔8611米）和世界第11高峰迦雪布鲁姆Ⅰ峰、第12高峰布洛阿特宽峰（海拔8047米）、第13高峰迦雪布鲁姆Ⅱ峰等组成的喀喇昆仑山主脉，在这些主脉高大山体中发育着数以千计的现代冰川，其中许多大型山谷冰川从山谷中漫流而出，与叶尔羌河河谷成正交或斜交状态，厚厚的冰舌直抵主谷。

一旦冰川上游积累区的降雪量增加并且超过中、下游消融区的消融量时，冰川将会处于正物质平衡状态，结果就会导致冰川末端的前进，前进的冰体如果达到足以阻断主谷的程度时就会形成一道冰坝，在冰坝的上游就会形成一个冰川堰塞湖泊。当然也有另外一种可能，那就是冰川上游积累量虽然不一定明显地增加，但由于某种原因会引起冰川的超长运动，这就是被冰川学家称为冰川的跃动（Glacier surge）。冰川跃动的机理目前还众说纷纭，但每次冰川的跃动都有可能使跃动的水体横亘在主谷之间，同样也可以形成冰坝以及冰川堰塞湖泊。

冰川堰塞湖泊一旦形成，并不一定马上溃决，往往要经历一定的时间周期。在这个周期之内，湖水达到某种库容极限，一旦冰坝处于承载库容压力极限时便会在某种自然营力的诱导之下发生突然溃决。比如地震、湖水融蚀形成冰坝“管涌”等，都可以成为冰川湖水突然溃决的诱因。

山区冰川湖泊的溃决大都是灾难性的，因为一旦湖水溃决，湖水携带溃决后的冰坝冰体一同下泻，气势汹涌磅礴，冰水混合洪流具有更大的破坏性，而且随着冰体的继续融化还会沿程增加洪水的流量，形成更大的洪峰。

经过艰苦的跋涉，翻过一座叫作阿格拉达坂的山隘，向南望去，一条条巨型冰川隐藏在喀喇昆仑山南北方向的支流谷地之中，眼前却是一片黄黄的荒芜景象，我们仿佛登上了另外一个没有生命的星球。

考察队在一片受到“球状风化”（由于花岗岩具有均匀的物质结晶特征，风化后外表多呈圆弧形态，在黄山和拉萨市郊多见这种“球状风化”景观）后的花岗岩石碛中寻路而下，下到谷底时，向西北便是乔戈里主峰区的音苏盖堤冰川，东南即是此行的主要考察地——迦雪布鲁姆冰川和乌尔多克冰川了。

先是沿着一条宽阔的干燥台地行走，在一处台地的缺口处我们终于走进了叶尔羌河上游的河谷之中。但却只见河滩不见水流，原来上游冰川丰富的融水在规模更大的石碛沙滩中变成了潜流，只是偶尔在河道的近岸低洼处露出几处小小的水潭。水潭四周生长着稀稀疏疏的红柳，在柳枝的倒影中，竟会有手指大小的高原裸鲤游弋自得。啊！原来这真的不是外空星球，真的是我们地球村中生态部落的另一个角落。尽管这个角落很少有人光顾，但像红柳、小鲤鱼一样的生命仍然十分顽强地在这里生存、繁衍着。

由于融水的潜流，我们很顺利地就抵达了考察的目的地，在海拔8068米的迦雪布鲁姆峰北坡的迦雪布鲁姆冰川冰塔林中安营扎寨，开展了全方位的科学考察。

迦雪布鲁姆峰和它附近的迦雪布鲁姆Ⅱ峰（海拔8035米）以及西边的世界第二高峰乔戈里峰（海拔8611米）所在的喀喇昆仑山位于塔里木板块与伊朗—冈底斯板块的结合部位，二叠纪、三叠纪以及侏罗纪地层在这里均有出露，燕山期的花岗岩侵入到砂岩、页岩、灰岩、大理岩、片麻岩中，在现代冰川等外营力的侵蚀、剥离过程影响下，考察区域中的第四纪松散堆积物质十分混杂。由于山体高峻、崔巍，加上西南季风和西风北支槽气流在高山和极高山区形成了比较丰沛的降水（雪），因此整个喀喇昆仑山是亚洲最发育的现代冰川中心之一。在这个并不十分宽阔的地区里竟分布着约3000条现代冰川，冰川面积达6000平方千米，占中国冰川总面积的1/10，其中长达20～40千米的冰川有10条之多，面积超过100平方千米的冰川有6条，其中音苏盖堤冰川长达42千米，是完全发育在我国境内最长的一条现代冰川。

迦雪布鲁姆冰川末端附近有一道长长的冰河，冰河的河床全是正在消退的冰川冰，冰川融水从中穿流而过，不疾不速，有一段冰水河道上面还架着未融尽的冰桥，融水从桥下流过，发出玉佩叮当般的声音，犹如天籁。为了测量水量和流速，我用打气筒将考察用的双人橡皮舟充满空气，找来测量用的彩色花杆当桨，便独自从冰河的上游下水向下游方向划去。虽然对冰河下游的水情和地貌形态不甚了解，但从四周大致的地形走势分析，不会出现什么大的危险。果然，我一边记录着观测到的地貌环境资料，一边悠然自得地享受着冰河划舟的愉悦。大约半小时后，看到湍急的冰水河已然变成了散流状，虽然我的游兴正浓，也只好宣告我的漫游结束。于是我下水靠岸拖着橡皮舟往回走去。同伴们为我的“壮举”而欢呼，因为我的“探险”成功为大家开发了一个高山冰雪休憩娱乐的项目。后来每当考察间歇，就有三三两两的队友们驾舟游弋在迦雪布鲁姆冰川末端那条海拔5000多米的冰水河道上，享受着世界屋脊上特殊的“水上运动”给我们带来的无穷乐趣。

据文献记载和野外考察，叶尔羌河上游冰湖在1880—1984年先后溃决近20次之多，其中1880年9月的一次冰湖溃决引发的特大洪水，在出山口一个叫卡群的地方形成的洪峰流量达到9140立方米/秒。在1961年9月的一次洪水中，洪峰流量在一个叫作苏布拉克的地方更是高达10100立方米/秒，它们均高于同一河段常规流量的数十倍之多！这些突如其来的特大洪水虽然历时不过几小时，但所过之处，冲毁农田、村庄，给当地生态环境、社会经济和人民生命财产造成巨大损失。仅就1961年9月那次冰湖溃决洪水给下游造成的直接经济损失就高达1000多万元（按物价折算相当于公元2000年之后的10多亿元）。

随着科学技术的高速发展，尤其是遥感地球卫星技术为我们对发生在类似喀喇昆仑山这样的高山、极高山无人区的各种自然现象的监测提供了十分方便的手段。1978年8月，加拿大冰川学家K.Hewitt教授就从一幅卫星照片上发现在喀喇昆仑山叶尔羌河上游出现了一个新形成的冰川堰塞湖泊，这个冰川湖泊当时长6.5千米，宽1.5千米（后来考察得知靠冰坝处湖水深达120米）。据此，1984年经中国科学院和新疆维吾尔自治区政府协商，由中国科学院兰州冰川冻土研究所和新疆维吾尔自治区水利厅组成科学考察队，于1985—1987年先后三次深入喀喇昆仑山区叶尔羌河上游，对该地区的冰川、地貌、水文、气象以及相应的环境进行了卓有成效的科学考察，终于查清了叶尔羌河特大型灾害性洪水主要由上游的冰川堰塞湖的溃决所引起。其中由克勒青河上游的克亚吉尔冰川和特拉木坎力冰川前端在克勒青河谷地阻塞形成的两个冰川湖泊，正是叶尔羌河中下游特大洪水灾害形成的策源地。在漫长的历史中，由于气候的变化或冰川本身的运动规律，这两个冰川堰塞湖泊总是反复地形成和消失，从而导致一次又一次的冰川堰塞湖泊溃决形成的特大洪水。

冰川堰塞湖泊在我国西部广大的高原和山区都有广泛的分布，这些湖泊的形成和消失应该与气候变化、地质构造环境演替都有密不可分的关系，科学家们已将它们的形成和变化规律列为重点研究对象，经过一代又一代科学家们的努力，一定会更科学、更详尽地掌握它们的演变规律和特征，从而更好地对它们的变化尤其对它们可能发生的突然溃决进行监控和预报，造福于当地人民并且为地区生态屏障的保护、生命财产的安全和经济社会的良性发展提供科学依据。

我曾是在编的中国登山队队员

新中国成立之后，由中华全国总工会牵头成立了中国历史上第一支专业登山队，登山队成立之初叫“爬山队”，后来“爬山队”归国家体育运动委员会领导，更名为“国家登山队”。

由于我从事冰川与环境研究工作，而中国的冰川无一例外地分布于中国西部的高山区和极高山区。换句话说，要想成功地登上任何一座海拔6000米以上的山峰，都必须经过现代冰川区，所以中国的每一次登山活动都必然与冰川及冰川环境紧密相关，而中国的每一次冰川考察又必然伴随着相应的登山活动。

我就参加过两次由国家批准的登山和登山科学考察活动，并且属于在编的中国国家登山队队员。

第一次是中国天山最高峰托木尔峰登山活动。

1977年年初，当时我所在的兰州冰川冻土研究所接到中国科学院通知，说要派出冰川、水文、气象等专业人员参加1977年夏秋季节举行的托木尔峰登山科学考察活动，通知要求参加人员必须专业和身体素质都要强，政治素质过硬，尤其要有一不怕苦二不怕死的精神。我那时正年轻体壮，又是从事现代冰川的研究工作，而且前两年连续参加了中国科学院组织的青藏高原自然资源综合科学考察活动，对高山、极高山冰川区的气候环境比较适应，因此我便理所当然地成为托木尔峰登山科学考察队的一员。

托木尔峰登山队共分三个分队，一是负责登顶的登山分队，二是负责科学考察的登山科学考察分队。三是负责顶峰海拔高度测量的登山测绘分队。

作者与李健（左一）、梁群（左二）、何小培（右一）在珠峰自然保护区考察

登山队总队长是中国首次登上珠穆朗玛峰峰顶的王富洲先生，登山队中除了国家体委所属的登山队之外，还包括中国人民解放军所属的“八一”登山队。登山测绘分队是来自国家测绘总局的西安第一测绘大队，登山科考分队包括来自中国科学院所属的相关研究所和有关大专院校的专业人员，登山科学考察队队长是著名科学家刘东生院士，执行队长是中科院综考会的郎一环先生。

接到通知之后不久，我们奉命会集于北京的香山，统一由中国科学院自然资源综合科学考察委员会（简称综考会，现已合并到中国科学院地理与资源研究所）负责食宿和训练安排，时间是两个月。我被安排住进了香山公园内的小白楼，一日三餐由香山饭店膳食科负责营养调配，每天除了必要的政治学习和业务准备之外，还必须爬两次“鬼见愁”。“鬼见愁”是香山公园后山的最高峰，又称为香炉峰，海拔虽然仅仅557米，但当时并无专门的游山小道，我们沿着一条小土路顺势而上，其中不少地方还必须穿越灌木丛林，直到"鬼见愁"山顶附近，再沿着一条怪石嶙峋的陡径最后登上"鬼见愁"的顶峰。

青藏高原的地质构造景观

我每天上午、下午各爬两次"鬼见愁"，同组的其他同志多数只爬一次。同行的测量队员张怀义每次跑出不一会儿便满头大汗，可是我一直爬上山顶都不见大汗淋漓，而且总是第一个登上山顶，原因很简单：我自小从大巴山走出来，多年坚持体育锻炼，对长跑、篮球、单杠、双杠、举重都喜欢，加上几年的西藏科学考察锻炼，小小的香山自然不在话下了。

香山训练完毕后，我们回到兰州。1977年6月初我们乘火车前往新疆乌鲁木齐，然后乘汽车跨越天山，来到南疆重镇阿克苏地区地委招待所。阿克苏又是新疆建设兵团农垦一师的驻地，市政建设在当时的新疆算是一流的。登山队的到来给这座南疆绿洲增添了一片热烈气氛，地区领导、农一师负责人以及当地驻军首长先后接见和宴请我们。在一切进山准备工作完成之后，各分队于6月15日先后抵达登山大本营。

大本营位于台兰河南岸的一个冰水台地上，海拔2400米。这是一个山清水秀的地方，台地和附近的山坡上长满了茂密的森林和草地。从阿克苏有简易公路通来，因为农一师某部的牧场和伐木场在这里设有基地。

登山队的到来使这个大山深处的森林台地顿时沸腾起来，上百顶大小帐篷一夜之间像魔术般地矗立在森林和牧草中，几百个身着登山服装的男女队员不时发出阵阵欢声笑语。突然到来的人类活动，和着阵阵林涛声还有台兰河河水声，构成了一曲天山深处激越跌宕的交响乐章。为了改善生活、保证营养，后勤部门运来大量的干鲜食品，还从山外的温宿县和塔格拉克牧场购来上百只活羊和几十头肥猪，圈养在临时搭建的围栏中。各个分队开始了各自繁忙而有条不紊的登山和考察前的准备工作。

在经过两天紧锣密鼓的动员和准备之后，登山队派出了侦察小分队，测绘队早在大队伍进入大本营之前就开始从低海拔外围地区的转点进行三角网测量，科考队则分别进入各自专业的考察地区，我们冰川组的主要考察对象就是台兰河源头的台兰冰川。

托木尔峰是天山最高峰，当年登山测绘队最终公布的海拔高度为7435.29米。峰体西坡分属现吉尔吉斯斯坦共和国和中国。托木尔峰地区在我国境内共有现代冰川509条，冰川面积达2746.32平方千米；吉尔吉斯境内有现代冰川120多条，冰川面积为1103.15平方千米。托木尔峰虽然海拔远不及西藏的珠穆朗玛峰高，但冰川面积却远远超过了后者（珠峰地区现代冰川面积仅为1600多平方千米）。

台兰冰川是托木尔峰地区众多大型山谷冰川之一，冰川最高源头直达托木尔峰顶，冰川末端海拔3084米，一直延伸到了天山南坡的森林林线以下。冰川长22.80千米，面积多达108.15平方千米。不过台兰冰川既不是托木尔峰地区末端下降最低的冰川，也不是长度和面积最大的冰川。最长的现代冰川分布在峰体西坡，就是南伊诺里切克冰川，长度达到61.10千米，面积则达544.29平方千米。该冰川上游部分为中国所属，下游部分为邻国所有。南伊诺里切克冰川末端海拔为3000米，冰川融水先汇入一个名为麦兹巴赫的冰川堰塞湖，然后先向西最后折向南东流入了中国境内的阿克苏河。由于冰川规模巨大，冰雪融水长年呈乳白色，因此阿克苏河上游的河水也是绿中带白。“阿克苏”在维语中就是“白水河”的意思。

托木尔峰地区完全在中国境内最大的现代冰川是位于山汇东部的吐盖别里奇冰川，冰川最高上限为6934米，末端海拔仅为2750米，冰川长为37.80千米，面积为337.97平方千米。托木尔峰在中国境内的另一条大型山谷冰川是发育在峰体南坡的托木尔冰川，冰川最高上限为7435.29米，末端海拔仅2700米，这也是托木尔峰地区冰川末端下伸得最低的一条现代冰川。该冰川长37.50米，面积达293.4平方千米。

在台兰河考察的第一年，我负责在大本营上游约5千米的海拔2600米的台兰河上进行冰川水文的观测，水文断面布设在台兰河上一座供牧羊人通过的小木桥上。按规定要求，无论刮风下雨，我们必须按时测流和观测水位的变化。当年的考察极其认真负责，每天晚8时、夜2时、早8时、午2时必须进行人工观测。我们水文小组一共两个人，住在离小木桥约2000米外的一个牧场小木屋中。白天好说，夜里的观测是要冒一定风险的。山里野生动物很多，有狼、黑熊，还有雪豹。我们晚上值班时只有一个手电和一个记录本，准时观测，风雨无阻。每次观测时，要下一道陡陡的坡，穿过浓密的天山冷杉林，观测断面的桥下是汹涌激荡的冰川融水河流，溅起的水浪直扑人面，渗冷透凉，万一不小心就可能受滑一脚踩空跌入湍急的冰水河流之中。现在回想起来还很后怕，但当时年轻胆大，丝毫也没有胆怯过，在那只讲革命的“红色年代”里，即使不幸遇险，也觉得死得其所。

我们借宿的牧人小木屋是温宿县塔格拉克牧场（属正县团级行政单位）设在台兰河流域上游的一个牧场点，点上有两位老牧工，一位姓廖，另一位姓崔。廖老汉当年已经60多岁了，他来自四川达州，因为出身不好，被送到新疆服刑，刑满释放后就在牧场就业。他的主要工作就是放一群羊和几头驴，同时在山中放铁夹和下活套，不时会有一些野山羊、野盘羊和黑熊被他捕获。除留下部分自食外，其余如数上缴到几十千米以外的牧场场部。老崔年轻一些，40多岁，自称曾在川东（现重庆）秀山一带当过土匪，同样是刑满释放在这里放牧骆驼。老崔的骆驼又大又肥，每头骆驼的两座驼峰就像两座山峰一般，矗挺向上。大凡看骆驼是否肥硕健壮，一看驼峰是否挺立便可知道。

廖老汉和老崔对我们十分客气，在生活上也格外照顾我们，捕获来的野物肉几乎天天都有。几十天考察下来，我的下巴都胖嘟嘟地变成二道坎了。

作者和藏族老友在大峡谷

除了丰富的动物资源，天山森林中还生长着不少手掌参和黄芪、天山贝母。工作之余我们步入林中，间或也有些收获。但最令人难以忘怀、至今也不能对其做出圆满解释的就是在附近森林中的冷杉树叶的滴水尖处可以采得大量的类似松脂却又甜如蜜糖的物质。

天山冷杉有人又叫作孔雀杉，因为它们的枝穗形态与孔雀的开屏羽毛一样，呈墨绿色，十分漂亮。就在那些飘垂的“羽毛”末端总是挂着一串串半透明的结晶体。附近有一座维吾尔族牧民帐篷，帐篷的女主人每天按时将羊群赶进山沟后便带着几个小孩进入林中采食那些树脂状的晶体。我十分好奇，也试着尝了几颗，谁知刚一放入口中，马上甜得沁人心脾。我惊讶得差点叫出声来，后来每当饭后或工作之余散步时，我就和同伴小朱一道进入林中，一边采摘一边吃，真是饱人口福的山珍佳品啊！

我总想就这事打听个明白，考察队有关专业的朋友对此也说不清楚来龙去脉。但我想这肯定不是从树中分泌出来的糖类物质，说不定是由某种类似蜂虫等昆虫的动物采集酿制而成的美味佳肴呢？

登山队一鼓作气，在不到1个月之内便有28人分两组先后成功登上天山最高峰——托木尔峰顶峰。那个年代还是突出政治、一切为政治服务的年代，为了赴北京接受中央领导的接见，我们只得中断还未考察完的科学任务，一夜之间撤营返回阿克苏，并在一个星期之内返回北京。

在北京，我们受到了李先念、陈锡联、方毅、万里、余秋里等领导人的多次接见，并安排专列赴北戴河疗养了两个月……

不过我们考察队所有队员的心仍然放在了托木尔峰，那里还有我们安放的各种仪器，还有许多科学资料没来得及收集，我们一致呼吁科学院领导同意我们再赴托木尔峰，圆满地完成那一地区的科学考察任务。时任科学院党组书记兼院长的方毅副总理在接见我们时当即表态支持。

记得就在这一次接见中，时任中科院副院长的胡克实同志问起冰川区考察工作和生活状况时，队员宋国平同志说冰川水富含各种矿物质，考察队员餐冰露雪，身体都很健康，还说冰川区附近农牧民养的鸡下的蛋都比其他地方要大得多，边说边夸张地用双手比划着，胡克实同志一看，用四川话说道："啊哟！那么大的个儿嗦！"方毅问起高山工作的困难时，大家都说没什么，只是说海拔太高有的同志会有些高山缺氧反应。方毅同志问缺氧反应都有哪些表现，我们说恶心、头昏、不想吃东西，有时连水都不想喝，晚上总也睡不着觉，即使睡着了，也因缺氧而常常被憋醒。

"啊，难怪我有一次访问伊朗住在德黑兰宾馆时总是喘不上气，德黑兰位于伊朗高原的北部，海拔接近3000米了，原来那就是高山反应呀！"

在1977年天山托木尔峰登山科学考察中，由于我工作认真，表现突出，被授予通令嘉奖一次，颁发机关正是当时的中华人民共和国体育运动委员会，得此殊荣的还有许多其他的中国登山队在编队员。

另外一次正规的登山活动就是1982—1984年的西藏南迦巴瓦峰登山

和登山科学考察。

南迦巴瓦峰海拔7782米，位于喜马拉雅山脉东端，是紧随世界海拔8000米以上极高山峰之后的第15高峰。由于它的存在，在地理学意义上赋予和界定了雅鲁藏布大峡谷作为世界第一大峡谷的地位。因为在它的对岸还有一座海拔达7234米的加拉白垒峰，雅鲁藏布江从中穿流而过，因此世界峡谷之最便非其莫属了。

1982年由当时的国家体委和中国科学院两家联合组成了南迦巴瓦峰登山和登山科学考察队。在中国冰川之父施雅风院士的亲自安排下，我再次有幸参加和国家登山队合作的登山科学考察，队长仍是王富洲，登山科学考察队队长仍为刘东生院士，执行队长是杨逸畴教授，副队长是高登义教授。

雅鲁藏布大峡谷入口风光(白色为新月形沙丘)

我们的登山和登山科考大本营设在南迦巴瓦峰西坡则隆弄冰川南岸的一个海拔3500米的高位冰碛平台上，名字叫接地当卡。站在接地当卡大本营，西边是雅鲁藏布大峡谷的入口，回首东望则是高耸入云的南迦巴瓦峰那典型的金字塔形角峰，则隆弄冰川在脚下的沟谷中静静地躺卧着，似乎它正注视着我们这一群不速之客的突然到来。

南迦巴瓦峰虽然并未跻身海拔8000米以上的极高峰家族，但其陡峭的刃脊，嶙峋的雪壁，参差不齐的雪檐，大峡谷水汽大通道带来的多变气候等因素，都给登山带来了似乎难以逾越的困难。尽管这次登山活动已十几人多次登上了南侧卫峰乃澎峰（海拔7040米），但始终无法再向前跨出那似乎比“雷池”还要艰险的下一步。

这次登山虽以失败而告终，但我们登山科学考察却取得了一批又一批的丰硕成果。

南迦巴瓦峰登山科学考察包括地貌、大气、冰川、地质、古生物、植物、动物、鸟类、昆虫、真菌等专业。全体队员连续3年、4次奔波在南迦巴瓦峰地区的山山水水之间。我还配合登山队数次进入西南坡海拔6000多米的高度为登山队提供冰雪作业的科学咨询，并收集到大量高海拔冰川作用的重要科研样品和科学资料，还发现了我国第一条超长快速运动的跃动冰川——则隆弄冰川。此外，在边防部队全力支持和配合下，我们徒步翻越喜马拉雅山主山脊，进入边远的墨脱县考察，初步对世界第一大峡谷的入口和出口有了感性的科学认识，并在随后的科研总结文章中明确地指出：“加拉白磊峰（海拔7151米，一说7234米）……位于雅鲁藏布江大峡弯北岸，与南迦巴瓦峰隔江相望，雅鲁藏布江在它们之间经过时形成了世界上最深邃、最雄伟的大峡谷。”

南迦巴瓦峰登山科学考察进一步奠定了我冰川科学研究的深厚基础，使我对中国季风型海洋性冰川的分布、数量、特征及相关的环境研究似乎达到了驾轻就熟的程度。在后来的研究考察中，我不仅又发现波密米堆冰川也是一条跃动冰川，同时还发现论证了帕隆藏布峡谷为世界第三大峡谷。有关这一地区的科研论文和科普文章有10篇，科研专著有3部（与人合著），科普书也有3部，对雅鲁藏布大峡谷地区的生态旅游建设、开发和保护发挥了一定的作用。比如米堆冰川景观区的推出和建设，我都做出了重要的开拓性工作。在后来赴西藏自治区政府任发改委副主任期间，地方政府决定将米堆冰川附近3个村庄全部搬迁出山，我提出米堆冰川系统作为大香格里拉生态旅游建设的重点景区，沟内居民不宜搬迁，可利用米堆的冰川生态旅游开发建设达到可持续发展的目的。此外我又先后进沟考察10多次，用以工代赈项目在川藏公路84道班处为米堆沟村民建了 ·座永久性桥梁。随着我和朋友们许多文章、专著和照片的出版、发表，米堆冰川早已引起了国内外方方面面人士的高度关注。目前，米堆冰川已被西藏旅游部门列为林芝地区的重点景观区，向国内外科学探险家和游人们推荐、开放，当地政府还在84道班处建立了门票收费站，米堆村民们已经享受到了米堆冰川生态与旅游建设、保护和开发的好处。

说不尽的冰川世界

壮丽的山谷冰川

最美丽的冰川在哪里

大约2006年年初，《中国国家地理》杂志请我参评中国最美丽的十处峡谷、最美丽的十座山峰、最美丽的十条冰川，而且列出了若干候选的峡谷、山峰和冰川。这些冰川、山峰和峡谷我几乎都亲临其境考察过，不过我却慎重而明确地谢绝了邀请，也表达了我对这种“选美”的不同意见和看法。

什么叫美？最美又如何定义？

中国历史上有过“四大美女”的传说，她们分别是西施、王昭君、貂蝉和杨贵妃。难道这四位美女真的是中国不同历史时期最美的女人吗？我以为她们固然是美丽的，但要说就是当时最美丽的女人，却既不科学又不符合情理。

即使是今天，无论是全世界选美还是华人地区选美，选出来的冠军也只能称为“世界小姐”或“中华小姐”，而不可称其为最美丽的人。

对于峡谷、山峰和冰川而言，更不可以轻言谁是最美丽，因为对任何一类地貌景观，还无法用某种统一的标准去评判它们的丑美。比如就山峰而言，谁能说珠穆朗玛峰一定就比峨眉山美呢？就峡谷而言，长江三峡就一定不比雅鲁藏布大峡谷美吗？至于冰川，目前中国凭卫星及航空影像和部分地形图，加上部分野外科学考察，已按有关国际规范统计出共有46252条，

从绒布寺南望珠穆朗玛峰

冰蘑菇

面积达59402.60平方千米，我算是国内去过冰川区最多的一位冰川科研工作者了，但真正见到的冰川也就是千余条而已，而爬上冰川进行实地考察过的冰川不过100条，还有更多的冰川仍藏在“深闺”人未识呢，怎么能从那数万条冰川中选出其中的10条作为其中的“最美”呢？

珠峰冰川消融形态——冰蘑菇

因此，我主张要选的话，可定位于“最著名”，比如珠穆朗玛峰以其海拔8844.43米为世界第一高峰而最为著名，可列为十大山峰之首；而雅鲁藏布大峡谷因其最长、最深可列入十大著名峡谷之一，然而若论其著名度，也许长江三峡应该位列十大峡谷的前列……

中国的冰川，若一定要说她们的美丽，岂止十条！仅就珠穆朗玛峰地区而言，那些大型（长度超过10千米）山谷冰川都很美丽。它们从世界最高峰四周蜿蜒而下，小支流汇成大支流，大支流汇成主冰流，像一束躺卧在山间谷地中的树枝，并且这巨型树枝晶莹剔透、玉润无比。在积累区看上去是酥软的粒雪，在雪线和消融区中部之间几乎都发育着迷宫般的冰塔林，在消融区虽有厚厚的表碛石块覆盖，却又生出许多蓝宝石般的冰面湖泊。要是更仔细地观察，就在那些冰面湖泊的岸边或表碛锥形坡面上，无数以冰为柱、以石为面的“冰蘑菇”，有的像茶几、有的像凳、有的像桌……

喀喇昆仑山冰塔林

长江之源的冰塔林

长江源头格拉丹冬地区的冰塔景观

如果硬要说珠穆朗玛峰的冰川最美，那我不妨带你去世界第二高峰的乔戈里峰（海拔8611米）看看那里的冰川又是如何个美法。单拿冰塔林来说，其蜿蜒的长度就比珠穆朗玛峰最长的绒布冰川（长25千米）消融区还要长呢，要知道乔戈里峰北坡的音苏盖堤冰川总长度达42千米之巨哦！同在音苏盖堤冰川同一流域的世界第11高峰迦雪布鲁姆I峰（海拔8068米）和世界第13高峰的迦雪布鲁姆Ⅱ峰（海拔8035米）北坡的迦雪布鲁姆冰川和乌尔多克冰川分别长达20千米和23千米，其中迦雪布鲁姆冰川的冰塔林分布就长达10千米，奇丽无比的冰塔林自海拔5950米的冰川雪线开始，恰似一条洁白无瑕的玉龙飞舞在喀喇昆仑山的宽浅谷地之中，“龙”首直抵叶尔羌河岸边。

作者与施雅风院士（右3）、李吉均院士（右2）在海螺沟考察

云南玉龙雪山冰川

阿扎冰川

海螺沟杜鹃花

和喀喇昆仑山冰川或有一比的还有它东面的西昆仑山冰川，更有源自著名平顶冰川崇测冰帽的崇测冰川，还有西昆仑山最大的冰帽冰川古里雅冰川，每条冰川都有各自的美丽，每条冰川都有每条冰川的壮观……当时参与候选的还有四川贡嘎山的海螺沟冰川和位于新疆乌鲁木齐河源头的

1号冰川。海螺沟冰川因其上游有座垂直高度达1080米的巨型冰川瀑布而闻名；乌鲁木齐河1号冰川则因在那里建立了中国最早、延续时间最长、目前仍在开放运作的冰川综合观测研究站而闻名国内外；甘肃省祁连山的“七一”冰川则是中国冰川科学工作者有史以来最早爬上并由中国冰川之父施雅风先生亲自命名的一条冰川；还有西藏察隅县境内的阿扎冰川，不仅是中国境内冰川末端海拔下伸得最低的现代冰川之一，而且也是中国冰川科学工作者考察得比较详尽的一条冰川。这些冰川要说美丽，也都有其可爱的地方，但它们的美丽之间的的确确又没有必然的可比性。不过要说著名，那又另当别论了，因为在不少的冰川科研或科普著作中，它们都各自占有一席之地呢！

中国的冰川都美丽，但著名的冰川目前也就是几十条，随着历史的变迁，我相信中国冰川的美轮美奂之处将更多地被揭示出来，而冰川的声名和美丽的切入点也一定会随着历史的演替而不断变更着它们的位置！

真正的美丽是无法用人的意志定格在某一种僵硬坐标之内的。

美丽过处无痕迹，冰川的美丽更是如此！

长江之源现代冰川的美丽风光

山谷、河谷和峡谷

同样还是《中国国家地理》杂志，他们在选美峡谷的候选名单中将山谷、河谷和峡谷不经意之中混为一谈了。

在2006年秋的中国人最喜欢的景观大道——318国道川藏公路段考察时，我和同行的《中国国家地理》杂志主编单之蔷、著名地貌学家尹泽生、著名植物学家李勃生等朋友一边乘车考察一边欣赏川藏线沿途的无尽风光、丰富的人文历史和各种各样的景观地貌、生态环境，那耸峙蓝天的冰川雪峰，让人领略到祖国山河的又一方壮美。其间，我们越过一个又一个河谷谷地时，多次涉及一个十分普通但又不十分严谨的地貌概念——峡谷。

《辞海》称：两山夹一水者是为峡。而峡谷则被解释为“狭而深的谷地，两坡陡峭，横断面呈‘V’字形，因河流强烈下蚀而成”；《高级汉语大词典》则认为峡谷是“两坡陡峭，中间狭而深的谷地”。《英汉大辞典》的解释也大同小异：“一种深而又窄，具有水流向下切割侵蚀超过风化作用呈峻峭侧壁地区特性的峡谷。”且不论文字表述通畅与否，单就对峡谷的地貌形态描述就显得似是而非。比如何谓狭而深，又何谓两坡陡峭，横断面呈“V”字形就必然可称为“峡谷”吗？那么，由冰川侵蚀而成的“U”形谷地就不属于峡谷了吗？“因河流强烈下蚀而成”更不仅仅是峡谷所独具的力学特征和基础了！因为如果仅用上述的标准去界定的话，山区中的每一条河谷，每一座山谷都可以称为“峡谷”了。再说，多“狭”才算狭，多“深”才算深？两坡坡度多少度才算陡峭？长江上游的金沙江、大渡河、岷江、嘉陵江都符合上述模糊的标准，甚至三峡以上整条长江所过之处都可以称为“峡谷”了！而实际上，它们虽然两岸也陡峭，和流过的平原盆地地域相比，谷地也“深”也“狭”，但只要和长江三峡相比，与近十多年才广为人知的雅鲁藏布大峡谷相比，和西藏林芝、波密县境内的世界第三大峡谷帕隆藏布峡谷相比，读者朋友又一定不会认同金沙江、大渡河、岷江等是一个峡谷。原因很简单：金沙江就是一条江、就是一条河谷，它们与“峡谷”具有完全不同的概念和形态。

那么它们的区别到底在什么地方呢？什么是河谷，什么是山谷，什么又是峡谷呢？

我和地貌学家尹泽生、地理文学家（如果允许这样称呼的话）单之蔷、植物学家李勃生（李先生早先可是学自然地理出身的呢）讨论了这一概念。

作者于雅鲁藏布大峡谷

作者在1998年徒步穿越大峡谷结束后与队友留影

在西藏到处都有峻峭的峡谷地貌

所谓河谷，就是发源于山区或具有明显地理高度差别的区域中的河流谷地，自源头开始到达盆地或平原出山口之间的地貌形态都可以称为河谷；所谓山谷，大凡距离不太远的两山之间的窄长地段都可以称为山谷（河谷中必有河流，而山谷中则不一定必须有河流）；而峡谷则不仅需两岸陡峭，谷地既狭且深且窄，还必须具有“穿透性”！换言之，一条狭而深且相对比较窄的谷地之两头必须突然变得开阔起来。比如长江三峡之所以为峡者，是由于下游出口以下为江汉平原，上游入口以上为川东（现为重庆即渝东）丘陵山间盆地或宽谷区；世界第一大峡谷雅鲁藏布大峡谷下游出口为喜马拉雅山脉东端大斜面并连通着印度山前平原，而上游入口则为米林、林芝尼洋河与雅鲁藏布江交汇而形成的宽阔三角洲台地和河谷盆地。

世界第三大峡谷——帕隆藏布大峡谷

在那次川藏公路2000多千米的长途考察中，我们穿越了无数大大小小的河谷、山谷与峡谷，既经历了四川境内的雅安飞仙关峡谷、甘孜州康定县冷竹关峡谷、西藏江达县的岗托峡谷等名不见经传的小峡谷，还亲历了位居世界第三的帕隆藏布大峡谷，也到了世界第一大峡谷的雅鲁藏布大峡谷的入口南迦巴瓦峰西坡的格嘎村一带。几位同行的朋友莫不最终赞同我的峡谷定义新论："峡谷不仅仅'狭'而'深'就可以了，关键是其地貌形态在空间上是否具有'穿透性'。"地貌学家尹泽生先生感慨地说："这个问题以前真的没有深究过，地理教科书和有关文献中的界定的确存在严重缺陷，我们都有责任解释并宣传普及这种更科学更严谨的新认识和新观点。"

海拔最低的冰川在哪里

有位不了解冰川但又对海螺沟冰川有过接触的学者曾好意地宣称该冰川是世界上最大、海拔最低的现代冰川。经过媒体和一些文章宣传后，不少人都以此作为中国人的骄傲，尤其引为四川人的骄傲。包括海螺沟当地旅游系统的人士，长期以来都以此为据对国内外游客宣称海螺沟冰川“最大”、“最低”的错误概念。

诚然，海螺沟冰川以其消融区上游拥有垂直高差达1080米的巨型冰川瀑布而著称于世，而且整个消融区都被镶嵌在浓郁的“冰川雨林”之中，更有谷地中、下游多处出露优质温泉，藏、彝民居四周的竹林、棕榈、芭蕉、茶叶等典型的亚热带农耕文明景观也吸引着世界各地游人来此观光、度假，实在是一个值得推崇的品位极佳的国家级生态旅游目的地。然而稍有常识的人都知道，地球上海拔位置最低的冰川分布在南、北两极，因为那里的冰川末端不少都直接抵达海洋之中；至于最大的冰川，当然更非极地冰川莫属了，因为南极的冰川动辄数千平方千米，即使是北美阿拉斯加的冰川每条也都是长上百千米，面积达几百平方千米以上！我曾经在南极考察过的“白濑”冰川长达2500千米，那可是海螺沟冰川长度的100多倍呢！

目前我国西部青藏高原、天山、阿尔泰山等地末端下伸比较低的现代冰川均在海拔2500～3000米。比如新疆北部友谊峰南坡的哈拉斯冰川末端海拔约2500米；天山最高峰南坡的托木尔冰川末端海拔约2700米；西藏最长的海洋性冰川卡钦冰川（长约35千米）末端海拔约2600米；西藏察隅县木忠乡阿扎村附近的阿扎冰川长约20千米，末端海拔目前约2550米；位于横断山区末端海拔比较低的冰川当数云南德钦县梅里雪山的明永冰川，其末端海拔目前约2800米；前面提到的海螺沟冰川目前长约13.1千米，面积为25.71平方千米，末端海拔目前为2980米。

可是，中国西部的冰川末端并不总是处于目前这种海拔高度的状态。在地质历史上相对比较寒冷的“冰期”中，我国所有山地冰川、高原冰川的规模无一例外比现在大得多，末端海拔也比目前低得多。这种结论自然是经过冰川科学工作者长期艰苦的野外科学考察之后所得出的，这些结论所依据的事实根据明白准确，令人信服。

冰川达到一定海拔高度和某种地理位置的过程中，会通过自身的运动过程留下许许多多只有冰川作用才会留下的遗迹。冰川工作者便是通过对这一系列冰川作用遗迹去确认当年冰川到达的距离空间和时间范围的。

海螺沟2号温泉营地源头流水瀑布和潭池景观

西昆仑山现代冰川

海洋性冰川区附近生长的兰科植物

首先，大凡冰川通过的谷地，其横断面必然会出现“U”形谷地貌形态，这与河流下切留下的“V”形谷断面截然不同。同时，冰川所经历过的谷底或两侧岩石上必定会留下规律分明的磨光面、冰刻槽、冰压节理（当冰川后退、岩石释压时产生的一种特有破损现象),而且冰川末端延伸到达的地方往往会有规模相当的冰碛物堆积体。这些冰碛物都是冰川运动时带来的松散石碛,一旦冰川后退,它们便堆积成垅岗状,其中横断谷地的叫终碛垅,顺两侧谷坡堆积的叫侧碛垅。这些垅岗状的冰碛物好似被推土机堆积在那里一样,具有反向坡,不像山体滑坡、河流洪水冲积或泥石流堆积,后者堆积呈单面方向,和冰碛物堆积形成明显差异。此外,一旦终碛垅横断整个谷地,还往往会在内侧形成冰碛堰塞湖,这些湖泊也成为当今不少旅游区的观赏景点,比如康定木格错湖和西藏林芝的错高湖就属于冰川终碛垅堰塞湖泊。

冰川消融景观——冰桥

正是通过这一系列冰川退缩时留下的遗迹,我们知道了在冰川地质时期,也就是我们常说的“冰期”中,我国的冰川最低曾到达过海拔1500米左右的高度,其中最典型的地区就是位于西藏林芝地区的察隅县境内的岗日嘎布曲流域(也就是前面提到的阿扎冰川下游的流域)。当时的冰流从目前的阿扎冰川开始一直延伸到现在的察隅县的下察隅乡,长度达到200多千米,冰川末端曾经达到海拔1450米左右。当年冰川到达过的地方,现在成了水稻、柑橘、水蜜桃的种植地,真是沧海桑田,变化无穷啊!

川西高原“U”形冰蚀地貌景观

林芝错高湖风光(冰碛湖)

冰川瀑布

我国多山，尤其西部多高山。自青藏高原、天山、昆仑山、祁连山向东，又有黄土高原、内蒙古高原、云贵高原、川西高原，然后才是四川盆地、汉中盆地、华北平原、长江中下游平原、珠江平原……这种地形地貌高度的差别形成了一种特别的地貌景观：瀑布。比较著名的有黄河壶口大瀑布、贵州黄果树大瀑布、广西冷水大瀑布等，至于一些中小瀑布则是只要有山都会发育和分布。不过有些瀑布与雨季有关，多雨时节形成飞瀑，旱季时则断流。古人对这些山泉瀑布多有吟咏，李白的“日照香炉生紫烟，遥看瀑布挂前川。飞流直下三千尺，疑是银河落九天”即是其中的代表。

上面提到的是水流的瀑布，还有另外一种也是与水有关的瀑布，不过却只是水的另外一种物理相态的瀑布——冰川瀑布。这种冰川瀑布并非简单地因水温度降低冻凝而成瀑布，而是由降雪形成冰川，冰川在向下游缓慢运动时经过特殊的陡断地形或由于冰流本身拥堵减速而形成的瀑布状冰川。冰川科学工作者称之为“冰瀑布”（Glacier Fall）。

在我国西部许多长度超过10千米的大型山谷冰川中都常常分布发育有不同规模、不同高度的冰川瀑布。目前国内所观察到的最大冰瀑布为海螺沟冰川消融区上游的大冰瀑布。该冰瀑布足部平均海拔约4000米，顶部约海拔5080米。

在一些大型山谷冰川上游往往会有一个或多个呈圈椅状的高山开阔盆地，其中承接大量固态降雪，新鲜雪晶在落地后圆化即成为粒雪，科学上将沉积粒雪的高山盆地叫作粒雪盆，这就是冰川发育的积累区，也是每条山地冰川的发源地。粒雪在形成冰川冰流越过粒雪盆出口后，由于流速的变化或地形的突变，冰流争先恐后，互相挤压，高高地壅起又迫不及待地向下游流去，形似白衣白甲的千军万马。在积累区静如处子的冰雪在这里都成了勇往直前的斗士，来不及按正常速度行进的冰雪体寻找机会一跃而下，也许直接从高处跌入冰瀑布的底部，随着一阵白色雪雾的腾起，便是雷鸣般的阵阵吼声，这便是雪崩。在消融季节中几乎每天都会在冰瀑区发生几次或几十次的雪崩。

除了海螺沟冰川的冰瀑布，我还在许多冰川区观察到规模巨大的冰瀑布，其中比较著名的有西藏自治区察隅县的阿扎冰川冰瀑布、波密县的卡钦冰川冰瀑布和米堆冰川冰瀑布。

阿扎冰川冰瀑布位于阿扎冰川消融区中上部位，足部海拔约3700米，顶部海拔约4400米，垂直高差约700米；卡钦冰川冰瀑布位于卡钦冰川消融区中部，如果说海螺沟冰川和阿扎冰川冰瀑布看上去似乎还存在有登山音沿着冰瀑布上下攀爬的可能（最好另觅他途，因为频发的雪崩是登山攀越的白色死神，十分危险），那么卡钦冰川冰瀑布则似一道横亘在谷地之间的无法逾越的冰雪天险，直上直下，似乎连脚踩手抓的空间都没有。我相信即使世界级登山高手来到这里都只会望“瀑”兴叹！

米堆冰川冰舌区的“弧拱构造”景观

迄今为止，我看到的最壮观而且最美丽的冰瀑布是位于西藏波密县玉普乡的米堆冰川冰瀑布。

在川藏公路84道班处帕隆藏布江（该段又被称为玉普藏布江）对岸有

一条看似并不起眼但又觉得无限神秘的支流谷地，赴西藏科学考察时我曾经多次从这里经过，心里总有一个结：一旦有机会我要进入到这条神秘之谷去一探究竟。因为那沟中清清的流水，沟谷两岸茂密的原始森林，还有沟谷源头那金字塔般的雪峰，更时有三三两两的藏族同胞进进出出，这一切都让人浮想联翩、念念不忘！

机会终于来了，20世纪80年代末，当我结束中德联合西藏冰川与环境科学考察后，沿川藏公路从拉萨返回成都，再一次经过84道班处时，发现这一段公路几乎全被这条看似文静的支流谷地中的一次突如其来的特大洪水灾害冲毁。我们的越野车在稍加抢修后的险道上摇摇晃晃地用了大半天的时间才好不容易走过了不足30千米的受灾路段，原先的平整沙石路面早已被不久前的灾害损毁得如一条破烂不堪、惨不忍睹的死蛇。据当地路政部门和兵站同志介绍，要完全恢复这段道路恐怕需要1年以上的时间。

凭我的直觉和经验，那条支流谷地中一定发生了一次与冰川异常活动相关的灾害性事件。果然，回到单位不久，我就收到了时任西藏自治区交通厅总工程师林道勋教授之邀，于1990年春末率领包括冰川、水文、泥石流、气象、测绘等专业在内的数十人的科学考察队再次来到84道班，步行深入到支流谷地纵深进行我预先认定的冰川灾害科学考察。

跨过一道破败不堪的铁索吊桥，经过一道长满柏树的河谷阶地，再转过一道窄窄的谷湾，突然眼前一亮，原来那里面竟真的好像世外桃源一般：三座相去不远的藏式村寨，村寨前后是青青的麦田，油菜已开出黄黄的花朵，紫蓝色的豌豆花更像一群群展翅翻飞的蝴蝶；冒着淡蓝炊烟的藏式木房内飘出一阵阵诱人的酥油茶特有的香味。见有人来，长着蓝眼睛的波密狗不远不近地吠声不断，那是告诉它们的主人：有客人来了。果然几乎各家各户都有人从房中走了出来，我们随即被邀请到了一位叫作格鲁的村长家中。

通过初步了解，这个村子叫米堆村，这条沟叫米堆沟。和米堆村毗邻的另外两个村，靠上游方向的叫古勒村，下游方向的叫乌池村。三个自然村共

18户人家约100口人，都是陆续从外地迁入的藏族。格鲁村长家有6口人，除他阿佳（藏语妻子的意思）外，还有4个子女。村长还告诉我说沟的上源有一条冰川，冰川末端有一个大湖，在1988年7月15日晚上10点钟左右，冰川末端冰体突然跃入湖中，湖水顿时掀起巨浪，巨浪冲决湖堤，汹涌而下的湖水连同河水一路冲毁农田、淹没森林，并将最下游方向的乌池村中5户人家的房屋席卷而走，其中有5位村民不幸遇难！突发的冰川洪水冲入帕隆藏布主谷后将主流江水堵壅，随即又以更大流量冲向波密方向，并将沿线近30千米的川藏公路路基彻底摧毁……

日本女学者森永由纪博士在波密米堆冰川考察

在随后的考察中，我将其灾害的诱发原因认定为冰川的突然超长运动——冰川跃动，并以沟谷名称将其命名为米堆冰川并在考察结束后撰写了一份10余万字的科学考察报告——《米堆冰川跃动灾害科学考察报告》。后来我又和日本京都大学防灾研究所赤松纯平等人合作，再次进入米堆冰川对灾害与地震关系等进行了更详细的科学考察，并与赤松纯平先生合作用英文编写了《西藏东南部冰川灾害研究评价》一书。

作为这两次科学考察的副产品——米堆冰川的旅游景观在我所撰写的

各种专著和文章发表之后引起了国内外科学探险旅游等多方人士的关注，不少西方尤其是日本民间来华团体或个人指名要去米堆冰川考察、观光。

米堆沟虽经20世纪80年代末那次严重冰川灾害损失巨大，但在党和政府的高度关怀下，当地村民已然走出灾害的阴影，一座永久性钢筋水泥桥已取代了当年摇摇欲坠的铁链桥，一条进村公路已经直接修进了米堆村，县政府还在84道班的桥头修起了一座藏式风格的门票收费站，原来打算向外搬迁的村民也安心地在沟内放牧、务农并兼营家庭旅游，接待四方宾客。

米堆冰川是一条坐南朝北的大型现代冰川。冰川末端海拔3820米，长10.20千米，面积26.75平方千米，是一条由两支冰流汇而为一的“复式”山谷冰川。上游的两条支流各以800余米垂直高差的冰瀑布交汇于海拔4100米处之后形成统一的冰流，冰流末端直抵海拔3800米处的光谢错冰碛堰塞湖。

两条冰瀑似从天突然降落，堆雪叠玉，裂隙纵横，更为奇妙的是在它们之间竟突出一座基岩岛山，在基岩岛山中却生长着一片苍翠如染的原始森林和地毯般的草坡。尤其每年春夏之交，森林中杜鹃花盛开，在四周冰雪世界包围之中显得那么独特而令人称奇叫绝！更有那冰瀑足部以下由于冰川运动和差别消融而形成的一圈又一圈的波涛似的构造景观——冰川弧拱（Glacier Ogives），不禁令人联想到江河湖海中的层层涟漪。不过此处的波涛也罢、涟漪也好，都是被凝冻住的，被定格在肉眼难以看出来的冰川运动过程之中。

中国藏东南和横断山一带的现代冰川，包括四川境内的海螺沟冰川，其消融区的冰舌都深深地伸入到了原始冰川雨林之中，而唯独米堆冰川不仅冰舌伸入到了原始雨林中，而且那一片原始冰川雨林竟然还分布在了一片冰天雪地的包围之中，自然又是世界冰川景观中的奇迹了。我曾将其戏称为生物圈开设在冰冻圈王国中的绿色“办事处”。因此，米堆冰川上那两条冰瀑布自然又因那片原始冰川雨林的点缀更成了迄今我所观察到的最美丽、最壮观的冰川瀑布景观。

风光绮丽的冰川湖

我们人类居住的这个星球实在是个神奇的宝葫芦，似乎有无穷无尽的资源、数也数不清的景观、永远也不会枯竭的能量，有纷繁复杂的一直处于不断演替进化之中的各种各样的生命现象。

这个飘转在太阳系之中的星球，之所以和同一星系中其他同伴们相比是唯一有生命现象的星球，尤其是具有高等生命现象的世界，最主要的前提就是有水。地球上存在大量的液态水。水域占地球表面积70%以上，其中绝大部分是海洋，其次为江、河、湖、塘。大江大河的水流基本上最终都流入了海洋。但部分内陆河或自行消没，或汇集于内陆低洼处形成内陆湖泊。然而湖泊也不全为内陆湖，不少湖泊只是河流系统的一个部分，只是储水的地貌形态相对比较宽大，流速相对比较缓慢，它们或承接上游的来水，或成为下游河水的供给源泉，总之，绝大多数湖泊都是与流域系统之内的河流彼此相连接的。

事实上，地球上任何水体都是处于不断的运动变化之中，正是通过一系列的运动，它们又彼此相连成为一个大的整体系统。在划分地球圈层的时候，科学家们便将它们取名为“水圈”，与岩石圈、大气圈等并列。

湖泊是水圈的重要组成部分。就我国而言，有江南的洞庭湖、鄱阳湖、太湖，青海的青海湖，云南的滇池，东北的天池，新疆吐鲁番盆地的艾丁湖，塔里木盆地的博斯腾湖；至于西藏，那更是湖泊的世界，如纳木错湖、色林错湖、班戈错湖、班公错湖、羊卓雍湖……

在我国的湖泊家族中，它们的形成原因千差万别。有的是海陆变迁地壳抬升海水后退形成的“原生湖”，像青藏高原的不少湖泊都属于此类；有的是火山喷发后形成的凹陷盆地聚水而成的火山湖，比如内蒙古东北部的柴河七星湖、长白山天池；有的则是地质构造地块下陷然后聚水成湖，被叫作构造湖，比如洞庭湖；还有的被推测为是天外来客——陨石俯冲砸成的湖，被称为陨石湖，有人认为太湖可能属于此类；还有的则属于地震、山体滑坡、泥石流等新构造运动形成的河流堰塞湖——这些湖泊在备大山区中随处可见，不过一般规模都不是很大，比如2008年5月12日四川汶川大地震中形成的绵阳北川唐家山堰塞湖（后被人为炸毁以解除下游再次水毁之虞）即为典型一例。湖泊的类型还有很多很多，成因也各种各样，比如四川九寨沟和黄龙的湖池就与喀斯特水化学作用相关；四川米仓山中十八月潭、十八龙潭则由水的动力冲蚀形成。

然而，也许很少人知道，冰川也可以形成湖泊，而且是一类特别有观赏价值的高山湖泊。比较典型而且近年来随着国内旅游热的兴起而被很多人所知晓的，首推新疆的天池，然后就是四川甘孜康定附近的木格错（野人海），四川西昌螺髻山黑龙潭、姊妹湖等古冰川湖泊群，再就是西藏浪卡子县的羊卓雍湖及上游的泊莫错湖、林芝工布江达县境内的巴松错（也有叫错高湖的）、八宿县的然乌湖。

西昆仑冰川冰面湖

世界上到底有多少冰川湖泊？可以这么说，每条大型山谷冰川都可能形成一个或几个与冰川作用相关的湖泊，不过其中一部分存在一段时间后有可能再被冰融水或山洪冲毁。也就是说，世界上有多少条大型山地冰川，理论上讲就会至少有多少个冰川湖泊。我国是世界上山岳冰川分布最多的国度之一，在新疆、甘肃、青海、西藏、四川、云南等6个省区分布发育着4万多条现代冰川，其中有数千条5千米到10千米以上长度的大、中型山谷冰川，这些山谷冰川在各自的前进、后退过程中，都形成过、形成了或正在形成各种规模的冰川湖泊。如果读者朋友还心存疑虑的话，有机会乘飞机从成都到西藏的拉萨，沿途你便可以观察到那蓝天白云之下的冰峰雪岭之中一个又一个漂亮的高山湖泊，那就是在不同地质时期中由冰川作用形成的冰川湖泊。如果你再仔细地观察，你也许会发现在一条冰川作用过的沟谷中，还会出现串珠式的冰川湖泊群。如果你有机会不乘飞机而是乘汽车，再顺着某条西藏境内的冰川谷地步行攀登，就会发现在那一个个蓝宝石般的冰川湖泊岸边，森林密布，杜鹃萦绕，山鹿成群，湖水中游鱼可鉴，更有野鸭等各种水鸟在湖面上翻飞嬉戏。要是夏天雨季，一定是百花盛开，山色空蒙，湖水潋滟；要是那湖泊正好连接现代冰川的末端，冰川舌舔着湖面，湖水倒映着冰川，又生出无限的幻觉空间；要是冰体崩裂，偌大的冰块漂浮在湖中，如银色画船款款漂弋，仿佛到了冰山密布的缩小版南极海或北冰洋。如果你有机会与冰川科考队员同行，乘上考察用的橡皮舟，在冰湖上划行荡漾，你就有一种搭乘泰坦尼克号巨轮的神秘感觉，但绝对不会发生当年船沉冰海的惨烈悲剧，因为在冰川湖中乘游橡皮舟是绝对安全的，更何况冰川湖中的浮冰与北冰洋中的冰山就规模而言，是远远无法比肩并提的，它们的体积和质量相差千万倍呢！

冰川湖泊又分冰面湖、冰碛湖和冰蚀湖三种类型。冰面湖是发育在冰川冰体之上的湖泊，也是由于冰川的消融水一旦储留在冰川冰体中的低洼处来不及流失而形成的湖泊。当冰水将冰面湖的冰堤融穿融透时，湖水就会在一夜之间倾泻一空而成为一个空冰穴坑。冰面湖在任何一条冰川的消融区几乎都可以观察到。在一条大型山谷冰川的消融区随便低头抬腿就可以发现若干个冰面湖。

折多山古冰碛湖

横断山海子山古冰川湖泊(近景为高山大黄)

横断山古冰川湖泊

当冰川前进时会将冰川上游及冰床谷地中的基岩破碎石碛带到冰川末端，当冰川退缩后，末端的石碛便会堆积得像山垅一样矗立在谷地之间，冰川融水被横亘在谷地之中的冰碛垅堵塞而成形成湖泊。这就是冰碛湖。

在冰流向前向下运动时，往往会对冰下谷床产生向下的挖蚀作用，一旦冰川退缩，形成基岩湖盆，再加上冰碛堤的加积，更会形成冰碛—冰蚀湖。不少冰川湖泊都受冰碛、冰蚀双重因素的影响。从工程力学的角度看，冰碛—冰蚀湖比单纯的冰碛湖泊更稳定。

有现代冰川分布的沟谷内可观察到大量的冰川湖泊。即使没有现代冰川的分布，在地质历史上曾经发育过冰川的地方也有可能发现、观察到大量的冰川湖泊。西藏八宿县和波密县交界处的然乌湖，就是一处典型的而且规模比较大的冰川湖泊，它的上源便是西藏目前最长大的现代冰川之一——来古冰川。

在四川西昌的螺髻山上，数万年以前那里曾经发育过冰川作用。现在只是冬春季节山体上部降雪，但到了夏天基本上会融化殆尽。可就在山体海拔3000米以上地带分布着数十个大大小小的冰川湖泊，有的属于冰蚀湖泊,有的属于冰碛湖泊,更多的属于冰碛一冰蚀双重成因的湖泊。明镜般的古冰川湖泊成为当今西昌螺髻山上吸引四面八方来此旅游观光的人群目光的亮丽风景线。

横断山古冰川湖泊——贡嘎山情人海冬景

在四川西部的甘孜、阿坝地区有不少“海子山”,这些“海子山”上的海子实质上就是第四纪(距今300万年以来的地质时期称为第四纪)古冰川退缩之后留下的古冰川湖泊。在阿坝藏族羌族自治州的黑水县打古冰川一带,山顶上就存留着大大小小数百个古冰川湖泊,这些古冰川湖泊不仅是旅游开发的重要景观资源目的地,更是科学探险、科学研究的绝佳之地。

两大洋的分水岭与山垭口

两个大洋的分水岭

中国具有近20000千米的海岸线,长江、黄河、珠江、黑龙江以及澜沧江等大江大河的水流都最终归汇到了太平洋。可是却很少有人知道至少在不经意之中并未意识到就河流的最终归宿而言，我国还分别与北冰洋与印度洋有着密切的上、下游流域关系。

在新疆维吾尔自治区的北部有一条著名的山脉，这就是阿尔泰山。这条呈西北—东南走向的山系是连接中、俄、蒙的重要地理纽带，主峰海拔4374米，被冠名为友谊峰。发源于友谊峰我国冰川区的布尔津河向南汇入额尔齐斯河，在流经300多千米之后汇入俄罗斯境内的斋桑泊湖转向西北经俄罗斯鄂毕河—鄂毕湾流入北冰洋。由于水系渊源，我国新疆阿尔泰一带不少生物物种的起源、繁衍和传播都与北冰洋区系有着千丝万缕的关联。

而在我国的西藏，著名的高原河流雅鲁藏布江从其源头日喀则仲巴县杰马央宗冰川一路自西而东，先是涓涓细流，然后先后汇集了昂仁县的多雄藏布、江孜和日喀则的年楚河，流经拉萨市的拉萨河，以及再下游的林芝地区的尼洋河、帕隆藏布江，其气势雄浑无比，其水流穿山切谷，在流经著名的世界第一大峡谷雅鲁藏布大峡谷之后，将绵延数千千米的喜马拉雅山抛诸身后，经世界雨极萨地亚（年降水量高达13000毫米左右）附近流入印度平原区，最后经孟加拉国的孟加拉湾汇入印度洋。

此外，位于新疆帕米尔高原西坡和西藏拉萨以西非雅鲁藏布江水系的孔雀河、象泉河和狮泉河以及喜马拉雅山南坡相关水系等外流河或流经尼泊尔，或流经巴基斯坦、阿富汗、印度、不丹、克什米尔地区，都最终汇入了印度洋水域之中。

而我国境内太平洋水系与印度洋水系的最东分水岭在什么地方呢？之前似乎从未有人深究过。

从四川成都出发，沿318国道川藏公路西行，先后会经过岷山、大雪山、沙鲁里山、他念他翁山、伯舒拉岭，然后就是念青唐古拉山、冈底斯山以及喜马拉雅山。岷山、大雪山和沙鲁里山、他念他翁山都大致呈南北走向，它们组成了亚洲著名的横断山脉的主体。由于横断山系的南北构造走向，使得流经这一带的岷江、大渡河、金沙江、澜沧江和怒江等江河自北而南，奔腾咆哮在横断山脉的各大峡谷之中，滋养孕育着这一方水土之上的上千万藏、汉、羌、彝、白、苗、傣、纳西、怒、傈僳、独龙、景颇、佤、拉祜、布朗、回、哈尼等民族的繁荣壮大，更滋养孕育着我国三大原始森林之一的横断山原始森林地以及数以亿万计的各种各样动物、植物和菌类。

世界第一大峡谷——雅鲁藏布大峡谷

岷江、大渡河、金沙江在川西南折向东行，汇入了我国第一大河长江，成为中华古老文明的重要发祥地。而澜沧江和怒江则一路向南，澜沧江进入了缅甸、老挝、泰国、柬埔寨和越南，称为湄公河，最后在越南的南部胡志明市附近汇入了太平洋。怒江则在云南西南一侧进入缅甸后被称为萨尔温江，再经过缅甸和泰国边境线后在泰国的毛淡棉市进入安达曼海水域。安达曼海紧靠孟加拉湾，是印度洋水域的一部分，它与马六甲海峡以东的太平洋隔峡相望，一峡带水，东西与太平洋和印度洋相通。

就在怒江和澜沧江之间南北向地耸立着一座名叫他念他翁的高山，它将本来并驾南流的怒江和澜沧江隔离在山脉的东西两侧，这两条江河最窄处的直线距离不足30千米，它们与稍东一侧的金沙江在云南西北的迪庆藏族自治州境内构成了世界上三条大江并流且互相距离最近（三条江河直线距离最短处不足100千米），堪称世界之最的河流、峡谷奇观。

他念他翁山就是我国太平洋水系和印度洋水系当之无愧的分水岭。要是以川藏公路由东而西走向而论的话，分水岭的垭口就是位于西藏自治区昌都地区八宿县帮达镇附近的业拉山口。业拉山口海拔4618米，由于西邻怒江，因此也有人称之为怒江山。业拉山口以东就是著名的帮达草原，目前世界上海拔最高的民用飞机场——帮达机场（海拔4300米）就坐落在帮达草原中部的玉曲河西岸。业拉山口向西则是川藏公路最险要也是最壮观的路段之一。

转过业拉山口之后，公路经过一段顺直的距离，便立即进入了跌宕回曲的弯道组群。毛泽东曾经有诗云"高路入云端"，在太平洋和印度洋水系之间的业拉山分水岭的"318"国道线上，你就会有感同身受的切身体会。行驶在上端弯道中的汽车司机开着车窗可以与山腰某处弯道急驰而过的司机对话招呼，可是若要追上他，说不定要过几十分钟的时间呢。

号称"99道拐"的业拉山盘山公路

川藏公路

业拉山西坡的弯道号称“99道拐”，实际上弯道的总数据说超过了100道。山口距山下的怒江岸边直线距离约10千米，算起来就是每100米就有一个盘旋的弯道，这些弯道几乎都是在同一个坡面上开凿而成的，上重下叠，盘旋而建，若是下坡步行所花用的时间也许比汽车还要短。要是从下往上望去，那千回百转的公路弯道左右盘旋直接云端，仿佛那就是一条直达九重霄汉的天路天梯！

人们只注意业拉山盘山公路的壮美和险峻，却少有人注意到山下那满谷满江、拍岸涛裂的怒江水所带有的青藏高原纯洁的灵气，带着中华民族古老文明的信息最后融入那浩瀚无垠的印度洋。

“原来，东方亚洲的两大文明古国竟有如此山重水复的地理渊源呢。”当我每次路过业拉山口向同行的朋友们讲起这里就是我国太平洋水系与印度洋水系的分水岭时，朋友们无不如此感叹地说。

山垭圈，考察的必经之路

说到科学考察的崎岖艰险，用一小节的文字去描述那是远远不够的。

就拿考察探险途中所翻越的山垭口而言，都有很多很多讲不完的故事。

在汉语中，一条山脉中比较低的山隘而且有人员或商旅通过的地方叫垭口；在藏语中则叫“拉”，比如前面提到的多雄拉、嘎隆拉；在新疆的维吾尔语言中则叫作“达坂”。一曲《达坂城的姑娘》唱出了新疆天山南北垭口文化中的浪漫主义和人间真情的源远流长。在新疆，许多山脉隘口或因高寒或因路险被命名如“冰达坂”、“雪达坂”、“风达坂”、“沙达坂”……

1985年我们奉命赴世界第二高峰乔戈里峰（海拔8611米）地区的叶尔羌河上游考察冰川冰湖溃决洪水，曾经过一处叫“阿格拉达坂”的山垭口。“阿格拉达坂”是叶尔羌河主源与重要支流克列青河的分水岭。

从新藏公路麻扎兵站向西，我们的驼队行进了四天之后，先后经过艾豆克沙拉堤和伊力克，穿过一线天峡谷，爬过一道危险的陡坡，便进入到阿格拉达坂沟，也就是阿格拉达坂的东坡。这天一早起来，拉开帐篷门抬头望去，天低云淡、山虽高峻而路似不太遥远；只见前面又是一溜儿的慢坡，慢坡两侧的山上石崖嶙峋，慢坡路旁，慢坡顶端垭口仿佛一路小跑便可抵达。看到前面不远的阿格拉达坂垭口，我很奇怪随同的向导为何不在昨日一鼓作气直接翻越垭口去到那山的西坡露营呢？大凡野外科学探险考察，一般情况下，赶早不赶晚，赶多不赶少。在心存疑虑中我们又起程了，过了一个多小时，考察队终于抵达了早上出发时观察到的“垭口”处，不料再抬头一望，在更高的地方，分明又有一个“垭口”在那里静静地等待着我们呢。

这一天，从早上天亮时出发，走到下午5点多钟的时候，不知已经爬过了多少个看似垭口却又不是垭口的“垭口”，才终于爬上了“阿格拉达坂”的最高处，一看气压表，海拔已是4800多米，回首向东北望去，大半天的来路终于被我们抛到了身后，不过身高体大的双峰骆驼都已累得喷气咻咻了。累极了的骆驼喷吐着浓浓的白沫，发出阵阵响鼻声。考察人员大都是衣服湿了又干，干了又湿，脸上渗出了一层白色的盐碛。冯清华是位水文专业的女专家，在爬山时她习惯性地舔润着自己的嘴唇，当时似觉舒适，可是经寒风一吹，半天工夫已是流血干裂，唇胀如翘。测绘专家米德生是回族，天天和维吾尔族赶驼民工助手们同吃同喝羊肉牛奶，但仍然一脸的倦容。队长张祥松教授是学有多成的冰川学家，身体本来就不是十分强健，一边呼呼地出着粗气，一边问向导说："这阿格拉达坂怎么这个利西的难爬啊！""宁听苏州人吵架，不听宁波人讲话"，张队长是宁波人，听他讲话真的十分吃力，加上他每说一句话至少都要带上一句"这个利西"的口语，一句话得揣摩半天呢。

谁知向导却诡秘地笑着说："你们不知道这个利西的山垭口就叫作'阿格拉达坂'呀！所谓'阿格拉达坂'这个利西的翻译成汉语就是这个利西的过了一山又一山的意思嘛。"张祥松和大家一阵大笑后终于恍然大悟，原来这起伏绵延的特殊的垭口地貌给了我们最初的误导。

后来我又特别请教了新疆地理研究所的王志超教授，他告诉我说，按维吾尔语的本意讲，"阿格拉"不仅有一山又一山的意思，还有一层含义，那就是让人感到前面不远处就是垭口，可是爬近一看，新的垭口还在更远更高的地方，也就是有让人产生要到达的幻觉，却总也走不到目的地的意思。原来是"逗你玩"啊！其实，多年野外尤其是无人区的冰川与环境科学考察探险，岂止遇到过一个两个"逗你玩"的阿格拉达坂呢！

在新疆通往西藏阿里的新藏公路上，先后就有库地达坂、麻扎达坂、康西瓦达坂、界山达坂，其中麻扎达坂就是死亡和坟墓达坂的意思，因为维吾尔语中的"麻扎"就是坟墓的意思。20世纪80年代的新藏公路绝大部分路段都是清一色的三级或四级砂石路面，路面一般可供汽车双向双行，但遇到山势险峻的达坂时大多数仅可供单车单向行驶，尤其麻扎达坂更是弯弯曲曲，坡度又陡，路面最窄处看上去也就是只可供大卡车的轮胎滚过。许多队员第一次乘汽车过山的时候，根本不敢睁眼朝汽车外面看。因为擦着汽车车窗或车厢向山谷一侧望去，只觉得汽车不是汽车，倒像是一架缓慢行驶的飞艇，不是行走在路面上，却像悬浮在深不见底的空气中。等到过了麻扎达坂垭口进入西坡时，又是一番难行的景象：一场不久前的暴雨将本来就又窄又陡的公路冲蚀成烂绳死蛇一般，不少路段干脆就成了乱石窖，汽车在突兀的石砾上驶过，一会儿突然跃起，一会儿重重跌下，不经意之间，车身又斜过某一边，身体还未适应突然又颠了回来……不少乘车人就在这前后颠簸、左倾右斜中被碰得头晕眼花，晕车不止。沿途不时看到发生翻车事故栽倒在沟壑中的汽车残体，至于被颠断的各种汽车的钢板等零配件随处可见。据说有山下的人专程来此捡拾断裂的钢板作为制作维吾尔小刀的原材料，又经济，钢火又好，制成的匕首锋利无比。著名的英吉沙“皮夹克”（维语匕首的意思）就有不少是用废断的汽车钢板加工而成的。

垭口最多最密、路程起伏最大的恐怕要数川藏公路了。

川藏公路属于中国公路网中最长的东西向公路之一的318国道的一段，起自四川省会成都，终点为西藏自治区首府拉萨，全长2300千米。由于印度板块和欧亚大陆的碰撞致使青藏高原的横空出世和横断山脉的形成，加上后来多次间断性的隆起、抬升与河流的下切，于是在2300多千米的路段中形成了一系列高山、峡谷相间的地貌景观。同样在这些山脉之中形成了一个又一个水汽通道和生物通道。

对于政治、人文而言，这些山的垭口曾几何时也是被利用起来阻止多种交流的关隘。但历史的长河虽有跌宕，毕竟会“东流入海”的，因而这些高高低低、大大小小的垭口又必然地成了各民族政治、文化、经济交流的重要通道。

从成都出发后的第一道著名的垭口便是二郎山。一曲“二呀嘛二郎山、高呀嘛高万丈”的筑路雄歌使这位在川藏线通过的山垭口家族中的小弟弟家喻户晓。

二郎山属川西龙门山南延山脉大相山系，主峰海拔3437米，垭口通过处海拔2900米左右，别看海拔不太高，但由于垭口东坡与雨城雅安很近，受西南季风下沉气流和东南季风迎风抬升效应的双重影响，这里更是多雨潮湿，亚热带雨林显现出生物多样性的勃勃生机。但和东部的四川盆地相比，二郎山相对高差还是比较大，加上修路过程中毕竟开挖山体破坏了地质基础的稳定性，二郎山垭口两侧数十里路段的泥流、滑坡和霜冻等灾害严重影响着整个川藏公路的正常运行。1983年横断山科学考察途中就有科考队员翻车跌入深谷而车毁人亡。我在进出川藏公路数十次的旅程中，几乎每一次都会在二郎山路段遇到一些麻烦和阻碍。

大约是1992年春末夏初，我率领中日川藏公路冰川灾害考察队一行5辆车从兰州出发，经天水、广元、成都、雅安赴西藏波密考察公路冰川灾害项目。途经二郎山东坡团牛坪道班附近时路陡坡滑，加上霜冻成冰，北京吉普车和丰田越野车、东风大卡车虽有加力装置，但仍然不时方向打偏，尤其对面有来车让路时稍踩刹车就可能车身打横，甚至发生翻车事故。不巧前面有几辆无加力牵引的车突然车头一歪停了下来，一时之间对面的来车和我们这些由下而上的车都只好停了下来。大家正焦急等待之际，只见从团牛坪道班下来一帮农民打扮的年轻人，身背铁链，手持扳手、钳子等维修工具，原来他们正是天全县两路乡一带的农民，因见这一带山陡路滑冰霜阻路，于是就自发组成了临时抢险队，为来往司乘人员抢险排难，同时收取一定费用，以贴补家用。他们将环形铁链熟练地套在汽车轮子上以防汽车打滑。不论上坡下坡，每付铁链使用带安装费为5元，待驶出危险地段后自会有人回收。

同年，当我们从西藏波密工作结束，返回路过二郎山西坡快抵达山垭口路段时，正好遇上秋末气温突然回升，公路附近冻土发生强烈融化，只见黄浊的泥浆漫上了公路的一处弯道，突升的气温也使公路路基产生了严重翻浆下沉，来回上下的汽车排成了长龙。有人指挥着从附近的山坡上搬来了石块，可是石块太少，扔进去就不见踪影，泥流还是源源不断地涌来，越积越深。一些性能好的汽车试图加力冲过去，可是刚行驶到泥淖中间便轮胎打空，而且越转越陷，越陷越深。我的驾驶司机武义德平时是个爱钻研、喜欢动脑筋的人，只见他将丰田越野车前保险杠上面的牵引包打开，拉出一条粗粗的卷扬牵引钢绳，脱掉鞋袜将钢绳拉到泥淖上方一棵孤树上固定起来，然后再回头擦掉脚上的烂泥穿上鞋袜一头钻进汽车，一边点火加油门，一边用遥控器慢慢地一圈一圈地收紧卷扬牵引钢索。我和同车的日本朋友想下车涉泥步行，小武说张老师不必要，你就看我的吧。日本朋友也将信将疑，在两头上百辆车的司乘人员静静的然而又一定是紧张的注目下，我们终于驶出了泥淖，开到了弯道的上方。在这辆丰田越野车的帮助下，我们队上其他几辆车都——安全越险。我们还帮助其他一些汽车顺利通过这段险路，直到泸定公路养护段派来了大型抢险推土机排除泥流，填上大量碎石干土后才最终舒缓了当天的险情。

目前的二郎山隧道已经开通，来往川藏线的汽车不必再经过那泥泞而狭窄的弯弯山道了，一条4千米左右长的双车隧道将翻越二郎山垭口的路程缩短了上百千米。老公路已被封闭，连同山上的多样性动物、植物和地貌景观已然成为二郎山国家级森林公园和自然保护区的重要组成部分了。

折多山是从四川盆地通往甘孜藏区的第二个垭口，公路通过处海拔4200米。当地藏汉各族民众将折多山西坡以西称为“关外”，以东称为“关内”，尽管甘孜州的首府康定城也在关内的东坡。折多山垭口是一处以冰川作用为主要特色的“溯源侵蚀”形成的垭口，这是川藏公路由东向西第一个海拔超过4000米的垭口。大约距今1.2万年以前，折多山还是冰流四溢，银装素裹，如今分布在垭口两侧的古冰斗、角峰和刃脊以及下伸到海拔：3600米左右的折多塘附近的古冰川堆积物可以告诉我们当年折多山冰川分布的范围和强度。站在折多山垭口南望，海拔7556米的贡嘎山金字塔般的主峰雄踞于横断山群峰之上。想当年折多山和贡嘎山都被冰雪所覆盖，而如今的折多山早已退出了冰冻圈，成为茶马古道和现今川藏线上的重要通道，沧海桑田的历史变化可见一斑。

折多山路段并不十分险要，最大的麻烦就是多雾。每当春秋季节变换之时，顺折多河顺势而上的暖湿气流在山体的阻挡抬升下迅速冷却凝结成浓浓的雾气，层层叠叠，5米之外便什么也看不清了。要是早春或秋天，骤降的气温便使水雾冷凝成银白色的霜花雾凇。只见公路两边的树枝上、草丛中，还有电线上全都结满了重重的雾凇。好在电讯和电力部门在架设电线电缆时已充分考虑到了霜冻因素对工程的可能影响，虽然厚厚的雾凇压得电缆电线弯弯地向下悬垂着，但还能支撑得起“银龙”的重量，一旦太阳出来，雾凇就会慢慢地融化掉，因此，便不会发生这些年在我国南方频频出现的“冰雪霜冻灾害”事故，反倒成了来往折多山垭口的一道自然天成的美丽雾凇景观，令不少路人停车驻足或摄像或拍照，或注目观望欣赏，那气势、那亮丽、那多姿多彩、那变幻无穷是任何人造风光都无法比拟的。

顺便说一下，近年来我国南方冬季之所以会形成严重的霜冻灾害，主要是受所谓“气候变暖”说的片面影响，导致一些主管部门或者工程技术单位在建立和维护相关电力设施、通信设施以及公路铁路等交通运输设施时，忽略了南方冰冻天气可能造成的一些负面影响，对于一些建材“热胀冷缩”系数的设计要求缺乏必要的科学考量，对于在我国南方地区有可能出现的低温天气估计不足，尤其在一些所谓的专家和媒体的大力宣传和炒作下，存在过于麻痹和侥幸的思想，以为气候会越来越暖和，似乎南极冰盖马上就要融化了，“夏天热，冬天也不会太冷”，包括国家一些主流媒体也一个劲地鼓吹“暖冬，暖冬”，明明是冻雨成灾，主管权威部门的“专家”和领导还在说“这是暖冬的表现”，从而给国家的经济建设和人民的生命财产造成了许多本可以避免的危害。2011年是我国南方出现的第5个连续冷冬天气了，终于再也见不到那些“权威”们出来继续鼓吹说这是“暖冬天气的表现”了，因为连他们自己也不好一而再再而三地“以子之矛攻子之盾”地“自圆其说”了！

雀儿山是四川藏区通往西藏藏区的重要垭口，也是川藏公路北线（国道317线）由四川甘孜去西藏东部重镇昌都城的必经之地。雀儿山属横断山系沙鲁里山脉中段，主峰海拔6168米。川藏公路北线经过的雀儿山垭口海拔为4800米。

世人只知道解放初期解放军筑路部队劈开二郎山时所传唱的《歌唱二郎山》，却鲜有人知道在打通雀儿山时由著名诗人高平先生原创的另一首曾与《歌唱二郎山》齐名的筑路赞歌：“提起雀儿山，自古少人烟；飞鸟也难上山顶，终年雪不断。人民解放军，个个是英雄汉，铁山也要劈两半……”

雀儿山发育的现代冰川

雀儿山东坡还发育着数十条现代冰川，著名的新路海冰川和冰川足下的新路海冰川湖泊已成了德格县推出的重要旅游景区。雀儿山西坡便是长江上游金沙江谷地。著名的德格印经院就坐落在德格县城南面的山坡上。世界上绝大多数藏传佛教的典籍都出自德格印经院。

雀儿山垭口一年之内大约有半年都处于大雪封山状态。为了保证大雪封山时尽量让过往车辆得以通行，甘孜公路养护部门在雀儿山垭口西坡第3个弯道处开辟了一处平台，在台地上建起了雀儿山公路道班房，并在垭口西侧建起了一座防雪通道。尽管如此，有时车辆通过时仍难免因雪大车多而受阻。在20世纪70、80年代，我们青藏科学考察途经此山时就多次受困在雀儿山道班处。白天道班工人或用推土机或用铁锹去推雪铲雪，往往是刚刚推出一道深深的雪巷，部分汽车通过后又是一场大雪或者发生雪崩，道路又重新被堵住。晚上考察队员和道班工人就挤在雀儿山道班房中天南地北拉家常，因此认识了不少的道班工人朋友，其中杨逸畴教授和道班工人张达就因此结成了多年的难忘友谊。

张达，四川眉山人，17岁应征加入中国人民志愿军，在朝鲜半岛“仁川”

战役中被美军所俘，在美军和国民党特务部门的“策反”中受尽非人刑罚，被强行在身上、手臂上刺染“反共救国”等文字。为了表明自己的坚强意志，张达和他的战友们宁折不弯，用刀片忍痛刮去深刺在皮肉中的字迹。后来张达和他的部分战友在交换战俘时终于如愿回国。

壮丽的唐古拉山

作者在唐古拉山垭口考察

可是在当时国内的极左形势下，张达等人英勇不屈的行为不仅未能获得嘉奖，反而长期蒙受不白之冤，在政治上和精神上受到各种打击和歧视。感谢改革开放的好政策，张达终于在另一位同样是“被俘人员”的战友的帮助下来到了首都北京，开了一家“东坡饭庄”。东坡饭庄坐落在国家图书馆附近。取名“东坡”，自然由于张达和苏东坡同属四川眉山老乡的原因。由于张达先生特殊的传奇人生，北京以及全国各地不少文化名人慕名前去聚会就餐，生意十分红火。20世纪90年代初，张达通过杨逸畴教授在他的东坡饭庄宴请了我和中国科学院的一些朋友，席间再次谈起当年雀儿山杨逸畴与张达途遇大雪在道班交往相知的故事，都感慨不已。

我经历过的山垭口实在数不胜数，就拿川藏公路来说，还有东大山、矮拉山、达麻拉山、怒江山（即业拉山）、安久拉山、色齐拉山、米拉山……每座山垭口自有说不完的故事、描述不尽的风光，也记录着科考队员们无数艰辛苦楚和追求科学完美的心路历程。

高原生物世界

不同寻常的高原动物

蓝眼睛的“波密狗”

在内地偶尔会发现有人养有一种宠物猫，猫的眼珠一只是黑颜色的，另一只却是蓝颜色的。大概这种猫最早是从伊朗、伊拉克中东海湾一带引进的吧，人们通常称之为“波斯猫”。

在西藏考察中，我却在林芝地区的波密、墨脱、察隅等县见到一种狗，其体形、外貌与中国大多数地区的家养狗并无多大区别，可是走近细细观察，才发现这些狗却生着一对蓝蓝的眼睛，十分漂亮。由于这种狗在波密县分布最多，于是我们便将它们称为“波密狗”。

雅鲁藏布大峡谷地区的波密狗

波密狗体形不太大，但却十分矫健，曾经是当地猎人上山猎取狗熊、豺狼和獐子、山羊的好帮手。波密县是藏东南林区的核心地带，山中动物资源十分丰富。当地普通民众平时都身不离腰刀，肩不离双叉猎枪，身后则总是跟着一只或几只波密狗。在封山禁猎以前，猎户们每次下山总是猎物累累，这功劳自然少不了波密狗们的一份。波密狗对人类十分友善，那友善的目光从那一双蓝蓝的眼珠中透出，人见人爱，没有丝毫的恐惧感。据一位动物专家朋友告诉我，任何动物包括波密狗，它们也都可以从人类的眼光中能感觉出人类的敌意和善意。如果人类的目光中充满着友好的善意，包括波密狗在内的动物们就不会主动去攻击人类。每当我向那些漂亮的波密狗投去发自内心深处的善意目光时，波密狗就使劲地摇动着它们的尾巴，那是在说：我们真的已经是朋友了！

在树上栖息的藏家鸡

在中国古典史籍之中，有不少家禽夜晚上树栖息的记载。但随着历史不断演变的进程，家养的鸡、鸭、鹅的翅膀严重退化，体重却在不断地增加，尤其现在的肉鸡、蛋鸡，它们似乎都忘记自己还生着一双本该凌空飞翔的翅膀，即便偶尔受惊，虽然翅膀也会张开，但那一双脚却始终离不开地面。只是一些农村的“土鸡”似乎还可以借助空气对翅膀的浮力，但也只是象征性地扑腾几下而已，最多也就是从上而下地滑翔，即所谓的“家鸡打得团团转，野鸡打得满地飞”。但现在就是山林中的野鸡似乎也受到家鸡们的影响，只能是“团团转”了。在多年的野外考察中，看到不少属于鸡类的野生种群在山林中的落叶乱石中做巢，在山间沟壑中蹒跚，历史长河的流水洗褪了这些禽类对于飞翔的记忆，这是生命演替之中的必然还是生物物种进化之中的变态？也许聪明的生物学家都很难给出一个科学准确让人信服的答案。

然而在林芝地区的雅鲁藏布大峡谷附近，我真看到那里家养的鸡能够在村中的柳树林里飞上飞下，甚至晚上就展翅飞上架满荞麦、豌豆草的桃树、核桃树或者柳树树杈上栖息过夜哩！

无论是在大峡谷"马蹄形"大拐弯顶端的扎曲村、门中村还是在大峡谷入口附近的格嘎村、直白村和加拉村，几乎每家每户都放养着这种同样叫鸣、同样下蛋的家禽。每当看到它们自由自在地在树林中、房屋和附近山坡上飞上飞下的时候，我都在想这个世界上除了一般的规律、一般的法则所界定的事物特征之外，其实真的有一些令人意外的东西，大峡谷地区会飞上树上房的鸡群就是其中一例。

野猪的近亲——藏香猪

和会上树的鸡一样，同样在大峡谷地区还有被当地群众世世代代饲养的一种家猪——藏香猪。藏香猪的体型精瘦，四肢和嘴喙细长，除了一对并不吓人的獠牙外，长长的嘴拱和野猪真的没有两样。

西藏林芝藏香猪

大峡谷地区群众家中的猪群并无固定的圈舍，到目前为止，我也弄不明白他们是用什么方法弄清哪些猪是自己家的，哪些猪又是邻居家的，也许是这些猪"聪明过人"，自己会认识自己的主人和主人的家门吧。不过听说的确也有弄不清楚的时候，只是万一自己的猪被别人弄去杀了吃了，猪的主人并不太计较，谁吃还不都是吃呢？何况平时四处放养的猪吃的都是满山遍野的山桃野果，主人们并未操太多的心去喂养它们。

大峡谷地区的桃树很多，基本上都是野生的。村前寨后、沟边路旁、山坡上、田埂上，到处都长满了野生的山桃树。每当春天来临，林芝地区大约12万平方千米的土地上，美丽的桃花一夜之间层层绽放，简直是一片桃花的世界、桃花的海洋，香飘天外，美不胜收。

而到了夏末秋初，成熟的野桃挂满枝头，又是一片果实的海洋、果实的世界。略带毛涩的山桃苦中夹香带甜，山中的猕猴、黑熊、果子狸借着山果成熟的季节，饱食终日，储存越冬的能量。村民们偶尔也会摘几枚个头大、颜色鲜美的山桃用手擦一下未曾褪尽的果毛便放入口中品尝他们十分熟悉的美味。而勤劳的当地妇女们则抱着桃树摇晃起来，然后将落在地上的果子背回家中晒干，好在冬天喂食猪、牛。就在村妇们忙着为猪牛准备冬季桃干的时候，那些散养的猪群、牛群一定会在桃林中对着烂熟坠地的桃果美餐起来。牛在吞食桃果时多是“囫囵吞‘桃’”连核带肉一块吃下。猪可比牛儿们细心多了，往往会滤出桃核，只食桃肉，但也有粗心猪儿会像牛一样连肉带核一起吞下。由于坚硬的桃核又不易消化，于是牛和那些吞食桃核的猪儿们便不经意地将未曾消化的桃核随地排泄出来，被排泄的桃核也许就在来年的春天扎地生根，长出一棵新的桃树。所以，大峡谷地区满山遍野的山桃树林的繁衍生息，竟与牛和这些长相和野猪类似的藏香猪不经意的传播分不开呢。在雅鲁藏布大峡谷地区，但凡有家猪、家牛或者吃野果的野兽出没的地方，就一定会有大片的野生桃林分布。

由于大峡谷地区的藏香猪儿肉瘦味香，近些年在国家的大力扶植下，已开发成规模经营的“藏香猪”绿色系列产品。但放养习俗毕竟存在很多不卫生的安全隐患，因此政府帮助和鼓励当地农户或开发商对藏香猪进行科学喂养，改自由放养为固定圈养。不过这虽然解决了产品卫生健康的标准问题，但长此以往，会不会失去藏香猪原来具有的纯天然生态等固有特色呢？有一利必有一弊，如何权衡只有在未来的实践中去慢慢调整和规范了。

煮熟的鸡“飞了”

科学考察或野外探险，吃、穿、住、行是许多年轻朋友十分关注的事情。

在20世纪70、80年代，要从内地赴西藏考察多数是乘汽车前往，因为大量的考察装备和物资、器材只能靠汽车运输，少数年龄大的同志可以允许乘飞机。当时我们从所在的兰州冰川冻土研究所去拉萨，无论是从川藏公路还是从青藏公路走，进西藏都要一个星期以上。那时车况差，路况更差。上到高原，人还没来得及出现高山反应，车就出毛病了。走走停停，平均一天走不了两三百千米。

到了野外，大本营帐篷一扎就算安了营，各个分队、各个小组按预订方案，在当地驻军和政府部门配合下，或步行或骑马分赴各个工作区域开始各自的考察研究工作。考察队队部为每个单独行动的专业组都配备有汽油炉、高压锅以及必需的粮、油、罐头等物资。

在20世纪80年代初的南迦巴瓦峰登山科学考察中，我在西坡格嘎村附近发现、认定并考察了一条具有快速前进历史形迹的现代冰川，名叫则隆弄冰川。它先后于1950年、1968年发生快速前进，前进的冰体曾堵塞雅鲁藏布大峡谷入口，致使江水断流，并在1950年那次快速前进中冲埋了沟口北侧一个叫直白曲登的村庄，97人在这次冰川快速前进的灾害中不幸遇难。则隆弄冰川是我国境内发现并经考察认定的第一条具有周期快速超长运动特征的冰川，冰川学家又称之为“跃动冰川”。

在考察期间，我认识了一位叫德钦的藏族老人，老人一家就住在大峡谷入口附近的格嘎村头。当年德钦老人已年届60岁了，但只要考察队有要求，无论是背运物资还是安排住宿，他再忙也会抽出时间发动村民和自己的家人帮助考察队及时解决。德钦老人则牵着他家仅有的一匹大白马亲自接送我们。

一次考察的间隙，队部和别的几个组的同志都来到格嘎村。德钦老人把大家安排到村里唯一的一间公用库房内，从自家的柳树上逮了两只最肥实的藏家土公鸡，亲自杀好洗净，又从自家的园子里拔了一筐鲜嫩细白的大萝卜。为了招待各路的队友，我亲自动手，烧了满满两大高压锅“萝卜炖鸡”。随着高压锅发出的吱声，阵阵香气溢满了这间公用库房。看看时间差不多了，我取下高压，只等高压蒸汽散尽便可美餐一顿了，大家都期盼着喝青稞酒碰杯的喜庆时刻快点到来。就在蒸汽即将喷完时候，队中一位来自北京的环境研究学者刘全友突然伸手将其中一只高压锅的把手扭开，说时迟那时快，只听“砰”的一声巨响，炽热的蒸汽立刻充满了房间，同时还伴随着肉汤、鸡块、萝卜块纷然落下。一时之间满室狼藉，地上、铺上和身上全是“萝卜炖鸡”的残留物。一大锅鸡肉没了，大家伙却呆若木鸡似地没反应过来。所幸刘全友和大家都还安全，我也就松了一口气，并告诉大家说不要紧，还有一锅呢。

小刘和一些年轻队员都是第一次参加野外科学考察，对高压锅的性能和使用都不熟悉，不像我们搞冰川研究的，去的地方海拔高，经常用高压锅，知道必须等里面的热蒸汽全部排完才能扭把启锅，否则，只要里面还存留部分高压蒸汽，一旦突然打开锅盖都会在内外压力差的作用下发生“暴力”事件。像这次“暴力”事件算是轻的，只是损失了一锅鸡肉而已，要是里面的压力再大一些，突然飞起的锅盖一旦砸向人群，后果不堪设想。

“高压锅事件”在我们的考察经历中还发生过一次。那是在1985年赴新疆乔戈里峰地区叶尔羌河源头冰川考察途中，当我们从叶城出发三天后，汽车翻过麻扎达坂，分道新藏公路向右手方向行进不到半天，便弃车步行，物资运输也由汽车改为骆驼驮运。别看骆驼走起路来似乎慢慢腾腾，但步幅特大，轻装的考察队员们步行时也很难跟上驼队的行进速度。测绘组的小刘个高体胖，总给人一种懒散的印象，虽然队里数他最年轻，可是他才不想走路呢。只见他跨上了一峰壮实的骆驼，晃晃悠悠地一路骑行，好不自在。到达一个叫作“伊力克”的地方，队长决定在叶尔羌河的支流北岸一处生长着稀疏红柳的河滩卸驮扎营。看到大家都在忙着做各种事情，有的在搭帐篷，有的在卸骆驼身上的行李物资，有的生火提水为全队准备晚餐，小刘似乎觉得也该为大伙做点什么事情，于是就将一个班用的大高压锅架在了已经点燃的汽车喷灯上面。过了10多分钟了，有人发现高压锅还没有发出喷气的声音，细心的气象组丁良福同志上前将高压阀取掉后仍未发现有热气喷出。我赶紧趋前一步不顾烫手快速将高压锅从炽热的喷灯上端下，这才发现锅里竟然没有装水。翻过来一看，高压锅的底部早已被烧出成了一个圆圆的大洞！看到发生这种事情后，队长张祥松教授气得半天没讲出一句话。副队长王自俊是干行政出身的冰川所副所长，他赶紧吩咐新疆水利厅派出的联合考察队的维吾尔族干部和一名由叶城县库地乡派来协助的民工连夜返回一天路程之外的麻扎兵站，那里有留驻的司机，请他们速去山下叶城或喀什急购同样大小的高压锅，等下次民工返回转运物资时送到山中大本营。后来大约过了两个星期，新买的高压锅终于送到了乔戈里峰腹地迦雪布鲁姆冰川考察营地，在这之前队员们都吃了半个月的夹生饭。因为在海拔3000米以上要是不用高压锅，米饭不熟，面条夹生，连开水都只能烧到80℃以下。好在大部分考察队员风餐露宿习以为常，居然没出什么大毛病，未曾影响考察工作的正常进行。

动物的高山反应

一般人都知道，地球上大气层的密度与海拔高度成反比。在地球表面的陆地上，大气密度最低的地方应该是中国的青藏高原。由于大气层密度决定了人类和几乎所有动物们生存所必需的氧气含量的多少，因此大凡在高原和高山地区人们都会不同程度地出现缺氧反应。初上高山、高原地区考察、旅游和工作的人都有一段特别的缺氧反应和适应过程。一些长期居住在那里的人群和虽去的时间不长但已经适应了缺氧环境的人群并不等于不缺氧，只不过他们身体的各种机能经过自然的调节达到了某种准平衡状态，实际上由于缺氧造成的身体损毁依然在慢慢地积淀之中。即便是汽车，由于发动机动力系统中的油料在燃烧过程中得不到充足的氧气供应，无论是牵引驱动力还是车辆行驶速度都会受到影响。

我在科学考察中还观察到不少高山高原地带的飞鸟走兽等动物也会有各种各样明显的高山缺氧反应。

当我们的车队行驶在青藏公路或川藏公路上时，常常会听到挡风玻璃上发出被什么东西撞击的声响，声响过后会发现在挡风玻璃上留下一小滩一小滩的血迹。驾驶司机不得不常常停下来擦拭清洗以免影响视线。后来仔细观察才知道那是一些生活在附近的飞鸟在汽车行驶时躲闪不及撞在了车身上而不幸殒命。这种现象在低海拔的平原和盆地中极为少见，究其原因是与飞鸟缺氧反应有关。由于氧气稀薄，鸟的飞行速度必然会大受影响。因此当高速行驶的汽车通过时，可怜的鸟儿们往往猝不及防撞个正着，加上高山高原上气温比较低，鸟儿们的翅膀飞翔起来也不是十分灵活，于是便发生了那一幕幕不该发生但又无法避免的惨剧。

不仅鸟儿常常被撞死在高速行进的汽车挡风玻璃上，当汽车行进在两旁盛开有油菜花的公路上时，那些采蜜的工蜂们更是成群结队地直往挡风玻璃上撞，不过留下的仅仅是蜂血还有和着蜂血的黄色花粉，好似画家们点染在画布上的油彩，只是这斑斑"油彩"里面浸透着多少酿造甜蜜事业的灵魂啊！

当考察队的汽车行进在藏北无人区时，常常会引起野生藏羚羊、野牦牛、野藏驴突然拔腿飞奔。一些未成年的小羊、小牛和小驴跑一段距离后便气喘吁吁地停在不远处，瞪着一双惊恐的眼睛警惕地望着我们这些不速之客。为了尽量使这些野生动物朋友不受惊吓伤害，我们尽量降低车速，不鸣喇叭。大概动物们真的也有思维，至少是条件反射吧，多少年过去之后，等我们再次进入无人区时，发现一群群野藏驴、野牦牛还有那天生丽质的藏羚羊除了仍保持一定警惕的神情外，也能安详地甩动着尾巴，漫步在本该属于它们自己的那块土地家园上啃食着美味的青草。一方面，它们似乎感觉到了人类对它们越来越友好的态度，同时它们也一定知道在那氧气并不丰富的高原无人区奔跑起来一定也是很不舒服吧。

长江源牧羊犬的瘸腿之谜

在长期的野外科考工作、生活中总会遇到一个又一个事前未曾料想到的问题。有时，那些问题也就是一闪念而已，并不会引起更多的思考，但更多的疑惑总会让大家进行一些有意思的探讨和争论，因为这些看似不大的问题都十分有趣，格外耐人寻味。

无是在南极还是在北极，当我们见到冰山的时候一定会想起100多年前泰坦尼克号客轮撞上北冰洋附近的冰山而导致的惨剧。一些记者或非冰川专业的朋友就会问我冰山何以会对巨轮造成毁灭性的灾难。我就会告诉他们大陆或岛山的冰盖分裂、运动跌入海洋之中形成了冰山。冰山的规模小的只有几间房屋大小，大的则长宽可达几千米乃至数十千米。由于冰的密度为0.85～0.90克/立方厘米，和比重略大于1.0克/立方厘米的海水相比，冰山总是会悬浮于海水之中，如果露出海水之上的冰山体积为1的话，那么更有9倍的冰山体积是没在海面以下的。这就是所谓“冰山一角”的科学

用于恢复西藏阿里狮泉河生态的灌溉工程

含义。我在极地附近的海洋中见到过一座高100米的冰山，其实在水下一定还有900米的厚度呢，如此巨型的庞然大物如果不小心被我们的轮船撞上，所产生的破坏力自然是毁灭性的了。

日本朋友赤松纯平教授在藏东南考察时尤其对波密狗情有独钟，但凡见到街上跑的或是农户养的，他总爱上去用手逗摸一阵。那些狗们倒和他不陌生，还欢快地摇着尾巴。我就不敢，尤其见到陌生的狗，总是绕着走，或让主人把它们撵开。赤松纯平却告诉我说，狗以及许多动物对人类其实并无主动攻击的恶意，当人们面对它们时，它们会从人们的面部表情敏感地区分出好歹善恶来。你要是心地平和，主动友好，它们也会把你当作朋友的。

阿里狮泉河生态恢复项目已见成效

在西藏，何止是波密狗呢！包括无人区的藏羚羊、藏野驴，曾几何时，它们只要听到人类的丁点声响就会奋力狂逃而去。可是近20年以来，经过大力宣传，人们的生态环境保护意识大大加强了，许多野生动物也开始慢慢试探着和人类朋友亲近。在青藏铁路沿线便可以观察到一些野生动物种群在不远处群居觅食，尤其那些俗称“白屁股”的藏原羚胆子更大一些，它们在路两侧的草地上出现得最多。藏羚羊们受到人类的伤害最深，因此要彻底恢复它们对人类的信任，可能还需要更长的时日，不过还是可以在稍远处看到它们。

2002年我去阿里为阿里飞机场选址时，一路上见到不少的藏野驴和野牦牛，它们见到汽车通过时，只是抬起了正在啃食青草的头，列队似地站成一排，不跑也不动，若即若离，看来它们真的感到人类对它们的态度变得友好了。

尽管动物学家多不认为动物有人类这样的高级思维，甚至认为动物的行为只是“条件反射”，但我觉得这种结论未必完全正确。只可惜动物们不像人类有如簧巧舌可以充分地表达自己的意愿，否则，我相信所有的动物真正的内心世界会让自以为聪明的人类这些所谓高级动物们大吃一惊的。

在长江源头一带考察时，我还遇到一件到现在也想不明白的事情，那就是那一带牧民家中喂养的牧羊狗，包括一些品种上好的藏獒，或者流浪在江源牧区的一些无家可归的野狗，大都是受到过伤害的“瘸腿”狗。

长江源头一带的海拔都在5500～6000米，有几家牧人帐篷安扎在格拉山丹东海拔5800米左右的冈加曲巴冰川末端附近，这是我在几十年科学考察见到的海拔最高的牧人帐篷了。长期的极高山高原生活以及世代生理遗传使这一带的牧民面色黑中带红，眼睛里充满着红红的血丝。他们在帐篷旁边有用牛粪、草墩垒起的圈场，作为牛羊夜里归宿的地方。当我们钻入牧人用牦牛毛编织而成的麻栗色帐篷时，一股温暖的气息扑面而来，喷香的奶茶味和着习惯了就不嫌难闻的牛粪火发出的草涩味，使人产生了一种到家的感觉。女主人总是热情地用双手递上滚热的酥油奶茶。要是客人有什么礼品送上，主人会显得有些拘束，但最终还是会接受的，哪怕是一支香烟，末了总会说一句“突吉起”（谢谢）。

我们发现，这些牧民的帐篷外总会有一只或几只来回转悠的牧羊犬，不过它们多数都是四肢不全，缺足少腿，这又使我想起来时沿途见到的那种场景：几只瘸腿的狗跟在汽车的两侧或前或后地跑着，汽车一鸣喇叭，它们便会受到突然惊吓，一个趔趄摔倒在地，紧接着就地一滚，爬起来再追，再跑……

长江之源各拉丹东雪山

我总想着向牧民或远在几十千米之外的雁石坪乡政府的干部们问个明白，这些狗怎么啦？但工作一忙，或者归途匆匆就忘记得一干二净。

我后来作过多种假设：牧羊犬们是为保护羊群免受野狼或野熊的攻击而受伤，是被当地牧民为捕获野狼、野熊而安放的铁夹误伤，还是外地的偷猎者为捕夹藏羚羊却夹断了牧羊犬的腿？

其实这世上未解的谜还有很多，比如同样在长江之源的格拉丹冬雪山下的一块草地上，我观察到一种蚊蝇都在一种高原的菊科植物的花蕊上吸食蜜汁，在海拔近6000米的环境中有一种类似荨麻的草本植物生长得极其茂盛，一簇簇、一团团，在银白的冰雪世界中，它们的绿色身姿突显出生命的无限高贵和顽强不息。

“笨”雪鸡和“凶”雪豹

近年来偶有雪豹的消息报道,有朋友问我考察过那么多的冰川,见过雪豹没有?

在我国西部高山高原冰川区,生长着许多独特的生物群落,最引人关注的一是雪鸡,二是雪豹。也有人说过或报道有雪人存在,说在喜马拉雅山就有雪人,但我没见过,也不相信目前世界上有包括雪人在内的所谓“野人”生存。

雪鸡是我在冰川考察时常常可以看到的一种野生飞禽类动物。雪鸡,英文名字很直白,就叫Snow Cock,属于鸡形目雉科动物的一个属,虽个头和家鸡差不多,但无论是羽毛色泽还是外貌体征却和鹌鹑相似,看上去麻灰中带一点土黄,和山坡岩石的颜色相差无几,这自然是长期高山野外环境生活遗传演变形成的自然保护色。雪鸡在世界上现存有6种,中国已发现2种,一种为淡腹雪鸡,另一种为暗腹雪鸡。其中淡腹雪鸡个体稍小,体重多在1200～1700克(雄性),暗腹雪鸡大一些,体重在2000～2500克(雄性)。雪鸡的嘴不长,但十分强硬有力;翅羽不如一般飞鸟发达,展开时长度仅为250～350毫米,可以滑翔,上行时边跳边飞。但人要是去抓捕它们时却又远远不是雪鸡的对手,因为雪鸡可以在海拔:3000～6000米的高度自由生活,人在这种高度上攀爬时因为高山缺氧速度极慢,和雪鸡相比就像龟兔赛跑一般。

淡腹雪鸡的下胸和腹部毛色略显污白,有黑色纵纹,而暗腹雪鸡腹面灰暗,间有棕色粗纹。雪鸡以高山草本植物的叶、茎、根、芽为食,也啄食一些高山昆虫和小型无脊椎动物以补充自己的营养。

在天山冰川考察时,发现有当地牧民用细铁丝在雪鸡常常出没的地方下套,在套的两侧人为地设置障碍物,在套的前面投放食物,引诱雪鸡在前行啄食食物时将头颈伸入铁丝套中。雪鸡是一种智力不太高的动物,它们一旦将头伸入圈套之后便不再退缩,于是越向前行,颈上的活套拉得越紧,最后终于不能自拔而成为牧人们的盘中餐。每当看到这些圈套之后，我和同伴们便会除去障碍，销毁铁丝套扣，虽然也许于事无大补，但就当获得某种心理上的平衡吧。

雪鸡是世界上分布最高的鸡类，一般分布3000 ~ 6000米，直至雪线以上，在中国西部高山地带常见，主要以植物的茎、根、叶、芽等为食

雪豹则是我们在每次冰川考察中总会谈起却又怕见到的一种高山食肉动物。

雪豹是猫科动物，又名艾叶豹，是国家一级保护动物。雪豹比普通豹略小一些，身长1.3米左右，成年雪豹体重为40～50千克。为了适应常年的寒冷生活环境，雪豹浑身生长着浓而细密的灰白色体毛，体毛中布满了黑色斑点和黑环，约1米长的尾巴上也长满了灰白带黑斑的毛，显得格外矫健。在亚洲中部高山区尤其是我国喜马拉雅山脉以及昆仑山、天山和阿尔泰山、帕米尔高原、祁连山和阴山山脉等区域都可以发现雪豹的踪迹。除中国外，俄罗斯、乌兹别克斯坦、塔吉克斯坦、蒙古、阿富汗、不丹、尼泊尔、印度、巴基斯坦等中国周边大多数国家的高山地区也都有雪豹分布。但目前世界上到底有多少雪豹却是动物学家们想知道但又难以掌控的难题。雪豹听觉和嗅觉器官特别发达，又极其善于在高山高原地带奔走，喜欢独居，动作十分灵活。白天躲在人迹罕至的山崖巢穴之中，黄昏和夜晚才出洞觅食活动，所以即使我们这些常年在高山冰川区的科考人员，多数时间也。只能闻其声却不见其形。

雪豹以捕猎野山羊、黄羊、野兔、旱獭等草食类动物以及鼠类和鸟类为食，在大雪封山时间过长的年份，它们也有可能来到海拔较低的地方伺机偷捕农牧民的家养禽畜。

1981年夏天，我参加并组织首次中日天山博格达峰冰川科学考察时，在从乌鲁木齐东北部四工河进山途中，就曾听到雪豹的吼叫声。凭声音推测，当时的雪豹离我的直线距离不过1000米。

那天，我们考察队一行人骑马进山，离开四工河林场后，已是下午2点多了。沿着一个叫“刀背梁”的山坡，我们策马上行，只见以山坡梁脊为界，山脊向阳处一溜的青草地，而阴面一侧森林葱郁，这种植被景观可谓新疆一景，真是隔山如隔世、泾渭真分明。这种生长在背阴山坡一侧的森林往往树种单一，或松或杉或桦，林下很少生长其他杂树，这就是所谓的泰加林。这种林相常常分布在我国新疆、内蒙古、东北长白山、大小兴安岭以及俄罗斯西伯利亚等地。

走过刀背梁，不久天就黑了下来，在一处长满高山灌丛的牧场中，我们分宿在几家蒙古族牧民的蒙古包里，主人为我们宰了肥羊，送上了马奶子酒和新鲜牛奶。蒙古族大哥知道我们要到博格达峰考察冰川后告诉我们说山上有狼，还有雪豹，要我们一定注意安全，并说这些天山上雪多，前几天还丢了两只羊，凭蹄印判断那一定是那些机灵的雪豹所为。

第二天一早，我们继续向天山深处进发，地上已是雪厚盈尺，行进速度大减。在多年的考察中我练就了一身好骑术，不多会儿便将队伍远远地抛在了身后。为了不至于拉得太远，我快速前进一会儿，再放慢速度等一会儿，可是我的坐骑大概适应了我的骑术，只是一个劲儿地想前行，不愿意原地停留。就这样走走停停，我不知不觉地单人单骑已来到了一处山垭口。凭直觉，沿坡下行不久便会很快抵达当天的营地所在地——博格达峰登山大本营了。因为事先得知中国登山队有朋友正带着一支日本登山队在那里进行攀登活动，回首望去却早已不见后面队友们的踪影了，心想何不就此快速下行，先到营地为大家做一些前期营地选址工作。这时天色已近黄昏，途中虽然都带有饮料和干粮，但骑一天马，又是雪地行军，疲劳和饥饿的程度可想而知。

过了垭口，雪倒是越来越少了，只是小路两侧怪石嶙峋，弯道又多，路面又窄，马身向下倾斜，一步一颠，脚踩的马镫不时擦挂在两侧的石墙上，发出叮叮当当的碰撞声。天色已经全然黑了下来，只有凭着淡淡的星光慢慢地寻路下行。一阵冰川风袭来，浑身透凉。突然，从我的右侧山梁上传来一阵阵像小孩哭叫的声音——雪豹！叫声传来的第一时间我便神经质地意识到我遇上雪豹了！座下的马停顿了一下，侧耳竖听，然后打了几个响鼻，我浑身霎时泛起了好多鸡皮疙瘩，一时间真后悔没等大家一块儿前进。我向身后听去，并不见队友们任何跟上的动静；向前望去，更不知离登山大本营还有多远。情急之中，我忽然高声唱起了“我们新疆好地方，天山南北好牧场……”尽管底气不足，但还是可以壮壮自己孤身在黑暗中听见雪豹吼叫时产生胆怯的行色。可是雪豹并未因此而停止它的咆哮。于是我又取出专备的体育口哨猛吹一气，一方面可以对雪豹起到威慑作用，同时也希望我的哨声可以让后面的队友和下面登山营地的人听见后有所接应。多年的野外生活让我总结出许多应急方法，吹哨就是其中的一种求救联络方式。果然，下方不远处射来了手电筒的亮光，雪豹大概见到电光也不再吼叫了。我的胆子真的壮了起来，马儿也走得欢快了，不一会儿，我终于抵达了博格达峰登山大本营，国家登山队的于良濮教练热情地接待了我……

后来在西藏、在昆仑山、在喀喇昆仑山，我都听到过雪豹那如小孩尖叫般的吼叫声，可是却从来也没有亲眼看见过雪山之王那机灵而威猛的身影。

冰雪世界的植物王国

南迦巴瓦峰的杜鹃树林

杜鹃，在我们中国似乎具有特殊的含义，有一种鸟名就叫杜鹃，“杜鹃啼血”和杜鹃“衔石填海”的故事被历代文人讴歌、传颂。而杜鹃树、杜鹃花更是广泛地分布在我国的九州大地，无论是南国的闽粤还是北方的内蒙古、东北，也无论是四川盆地还是青藏高原，都可以见到杜鹃家族成员们那鲜活而美丽的倩影。不知杜鹃鸟和杜鹃花之间有什么文人墨客赋予的联系，但是有一点是相通的，那就是它们都是中华民族美好、善良的代名词。

“冰雪林中著此身，不同桃李混芳尘”，是元代著名画家兼诗人王冕对梅花的咏赞。其实，只要去过中国西部的高山高原，而且对现代植物学稍有涉猎的话，就会知道，真正不畏风霜严寒的岂止梅花。中国是杜鹃花原产国，它分布在海拔几十米到5000米的广大区域。它们常常与冰雪为伴，在雪花的飘洒下竞相绽放。在中国的长江流域，杜鹃花被称为映山红，在东北地区长白山一带，朝鲜族同胞称之为金达莱花，在西南横断山区彝族同胞称之为索玛花，在广大藏族地区则被称为格桑花。

杜鹃花环绕的古冰川湖泊

美丽的高山杜鹃

从植物分类学讲，这里提及的杜鹃是杜鹃花科杜鹃花属植物的总称，是杜鹃花科中的一种小灌木，有常绿性的，也有落叶性的。北半球温带各地，都有杜鹃花分布，全世界约有900种。我国约有杜鹃花530种，随着西方探险和传教者的到来，不少杜鹃苗木或种子被移种欧美，经过改良、嫁接、培育，成为品种更多的庭园观赏花卉。在我国，杜鹃除了新疆、宁夏暂无发现之外，其余省份都有分布，但绝大部分（约80%）集中分布在西藏、云南、四川、贵州一带。因此，我国西南地区正是世界上杜鹃花的主要分布中心。

“杜鹃”作为植物名称的词汇，最早出现在唐代李德裕所著的《平泉草木记》一书中，在广大的汉族地区，除了映山红的名称之外，还被叫作山踯躅、谢豹花。在我的家乡四川省旺苍县及周边地区则称之为“艳山红”，其意思与映山红差不多，但似乎更能体现出花开时节一片姹紫嫣红的烂漫气势。

在黔西北地区的大方、毕节一带有著名的“百里杜鹃”胜景；在四川甘孜州海螺沟冰川区有杜鹃花开雪花飘的绮丽；而在广大的青藏高原，无论是在奔腾激越的雅鲁藏布大峡谷，还是在起伏绵延的喜马拉雅群山，在不同的海拔高度、不同的时令季节中都可以观察到各种各样的杜鹃花竞相绽放。在降水丰富、气候温暖的中低山地区，它们枝长叶大，一年四季葱绿满树，开花季节时花团锦簇；在海拔高、气温低、降水也不十分充沛的地区，它们则变身低矮，由乔木而灌丛，叶碎枝细，然而在花季时仍然艳丽超群，为天寒地冻的冰雪王国平添无限生机。在喜马拉雅山冰川区海拔4000～5000米的地带，常常可以观赏到栎叶杜鹃、紫斑杜鹃、凝毛杜鹃、紫背杜鹃、腺房杜鹃和雪层杜鹃点缀在茫茫冰雪世界中。

我平生见到的最壮观、最美丽的杜鹃林是位于雅鲁藏布大峡谷入口附近南迦巴瓦峰西坡、南距格嘎村5000米的那木拉杜鹃林。这是一片以高大型乔木杜鹃树组成的原生杜鹃林。其实，它们的分布高度和中国内地大多数区域相比也不算低了，海拔高度为3000～4000米，也应该称为高山杜鹃了。

从印度洋北上的暖湿气流，沿雅鲁藏布大峡谷一路蜿蜒北上到达米林派区格嘎一带，虽然属于雨阴区，但不似墨脱、波密一带强劲，但这里的年降水量也高达1000毫米以上，加上直接沿那木拉山南坡翻越而来的部分水汽的补充，整个那木拉山无论是冰川、湖泊还是森林都不缺乏丰富的水源滋育。

在一个秋日的早晨，在边防战士的护卫和当地民工们的协助下，我们离开了格嘎村，离开了热情好客的德钦老人，背负着上山考察必备的食品、衣物和仪器，沿着一条废弃的人工水渠行进。大约1个小时后，我们陆续钻进了一条隐约可寻的林间羊肠小路，只见小路穿过的树林中竟然是一株株遮天蔽日的杜鹃树！虽然不是花开季节，但仍可想象出每年春末夏初这一片杜鹃花怒放的壮丽景象，那一定是花的海洋、花的波涛！我观察到这些杜鹃树的胸径多在30～40厘米，最大胸径可到80厘米，树高平均为15米，最高者可达30多米。这种杜鹃主产于喜马拉雅山脉，又被称为树形杜鹃。

那木拉山上的树形杜鹃属于常绿树种，树叶呈长椭圆形，长15～25厘米，宽5～10厘米，猛地看上去和内地的枇杷树叶差不多；树根顽强地盘扎在第四纪古冰川后退时留下的冰碛石砾之中，犹如龙爪虬曲。树身呈紫红色，光滑油润，主干身形更是一木九弯，极具天然园林造型。花期都在每年的4～7月，随着海拔的升高，渐次绽放，花色有白、有红、有淡黄、有浅绿、有粉红、有紫红，即使是一棵树上的花也有好几种颜色，一朵花的花瓣也有不同的色彩。树形杜鹃的花朵盛开时花团锦簇，像是人为地束扎在一起似的。从林外高处看去，只见花不见树，更见不到那陪衬的绿叶了。

其实，在雅鲁藏布大峡谷地区四周的高山之上，又岂止一个那木拉，还有多雄拉、西兴拉、色季拉、丹娘拉、德阳拉等山上都生长着包括树形杜鹃在内的各种各样的杜鹃，如小叶（或米叶）杜鹃、平卧杜鹃、朱砂杜鹃等。

不少杜鹃的根、茎、花、叶还可入药，含有黄酮类、萜类、苷类、酚类、鞣质、挥发油等多种化学物质，不仅可用于活血止痛、祛风利湿，还有祛痰止咳、降低血压、抗菌等多种功用。考察时爬山累了，扯片杜鹃叶含在嘴中，似乎疲劳都消除得快些。当地藏族等少数民族同胞要是不小心将腿上手上划破流血,便会将嚼碎的杜鹃叶敷在伤口处止血消炎,据说比我们随身带的创可贴还管用呢。

冰川雨林

世界上要是没有别的生物,那么人类是无法继续生存下去的,比如说植物。人类和动物吸入氧气呼出二氧化碳,而植物则吸入二氧化碳呼出氧气。如果没有植物生长的话,我们地球上的氧气将会越来越少,二氧化碳越来越多。且不说二氧化碳作为地球"温室效应"的主要气体,致使地球表面气温越来越高并由此产生的环境严重恶化的后果,就人类和众多动物而言,没有植物生长也会导致赖以生存的氧气最终枯竭。

海螺沟蘑菇

可是,我们的地球天生就是一个富有生命灵气的大生态系统。这个系统不仅有人类和众多动物种群,而且还有森林和无数种类的植被覆盖,它们之间相互依存,互惠互利,你的"废气"我来吸收,我的"废气"你来受用。森林,既是一个最大的二氧化碳"吸收器",又是一个人类和众多动物赖以存活的天然大“氧吧”。

在世界森林系统中，有一种森林被称作“雨林”。“雨林”又分热带雨林、温带雨林和季风雨林等。雨林因其林内顶级群落树木高大、林木种类复杂，不仅是地球上地表水的巨大涵养地，而且也是许许多多野生动物栖息的家园。当然，它们不仅大量地吸收着大自然和人类排放的二氧化碳，同时又是氧气供应和输出的巨大源泉。

生长在海螺沟的麦吊杉

顾名思义，所谓“雨林”必然又是降水十分丰沛之地。大量的降水才可以使森林生长茂盛、郁郁葱葱。像南美洲的亚马孙热带雨林年降水量高达1500毫米以上；亚洲的印度半岛、马来半岛以及印度尼西亚的热带、亚热带雨林年降水量也高达1000～2500毫米；我国西藏墨脱一带的森林深受印度洋西南季风的影响，降水主要集中在每年的5～10月，因此又被称为亚热带季风雨林（简称季雨林），降水量高达2000毫米以上；分布在北美洲阿拉斯加和加拿大温哥华岛西海岸等地区的温带雨林，年降水量高达2000～4000毫米。

有意思的是，世界上不少雨林竟与冰川有不解之缘。比如位于阿拉斯加的北美最高峰麦金利峰（海拔6193米），尽管纬度已高达北纬65°左右，接近北极圈了，但其南坡仍分布有连绵的温带甚至林相接近于亚热带的雨林。而在阿拉斯加中部的哈丁冰原，冰雪面积达1813平方千米，冰盖厚度深达1600多米，就在附近的基奈峡湾也生长着茂密的原始温带雨林。

在我国四川贡嘎山东坡的海螺沟和西藏东南部的林芝、波密、察隅一带，还有云南丽江、德钦等地，不仅是我国海洋性季风型山地冰川的重要分布区，而且与冰川分布区紧密相连的便是林海涛啸的原始森林。更令人匪夷所思的是，越接近冰川，森林的长势越好。比如在四川海螺沟的3号营地金山饭店南面的林地，大约就是12000年以前冰川退缩后形成的冰川侧碛垅，那上面的铁杉、云杉、冷杉株株钻天入云，林下杜鹃、花楸和高山柳竞相繁生，而海螺沟冰川与它们相距不过几百米，侧碛垅的海拔还比冰川末端高100多米呢！同样是海螺沟冰川，在消融区中游北岸海拔3400米的黑松林，也是松杉林立，一些靠近冰川的铁杉、冷杉和杜鹃树的根须甚至直达冰面，从冰川上直接吸收水分和矿物质营养。

在藏东南一带的山地冰川区，更是原始森林长势旺盛的地方。在察隅县木忠乡阿扎村旁的阿扎冰川，末端海拔在2500米左右，是我国青藏高原冰川末端下伸得最低的一条大型海洋性季风型山地冰川，冰川长25千米，就在冰川消融区中部北岸海拔约3000米的一个叫雪当的地方，林深树密，每棵成林树高达30～50米，树的胸径一般都达50厘米以上。其中有一株冷杉树胸径达8米以上，树冠遮天蔽日，当年考察时十几个人的帐篷、伙房置于树的四周，一般中雨都很难直接打湿我们的帐篷。当地牧民群众称这棵树为“雪当”，翻译成汉语也就是“树王”的意思。

在多年的冰川环境科学考察中，尤其在1995—1997年主持贡嘎山冰川迹地植物群落演替的国家自然科学基金研究项目时，我逐渐形成了一个新的概念，那就是“冰川雨林”（Glacier Rain Forest）。2006年受《中国国家地理》杂志主编单之蔷先生之邀，考察中国人最喜欢的景观大道——318国道的川藏公路段时，面对横断山和藏东南现代冰川和原始森林不仅彼此为邻，而且互为依存，我再次提出了“冰川雨林”的概念。由于沿途所见，冰川和雨林虽然看似一冷一热，十分对立，但地球上这两个圈层——冰冻圈和生物圈竟然在这里联系得如此紧密，相处得那么和谐，似乎如果没有了冰川，那生机勃勃的雨林就会消失似的。就连同行的地貌学家尹泽生、植物学家李博生也在深思熟虑之后表示说：“真的很有道理！”

生长在海螺沟的灵芝

同行的单之蔷先生在海螺沟考察时见到那里的原始森林如此茂密，也曾与亚热带雨林或温带雨林联系过，还写过一篇游记，可是却被北京的某些“专家”以“雨林”是专指热带雨林为由而否定了！其实，雨林不仅热带、亚热带有，温带也有，并不仅仅是热带的“专利”。

我和我的同事观测到中国横断山和藏东南地区冰川雨林带的年降水量高达1500～2500毫米，最高可以达到3000毫米，分布范围在北纬25°～30°，海拔高度在2000～3500米。林中顶级乔木群落多以铁杉、云杉和冷杉为主，林中层间结构十分复杂但又似乎特别合理。因为除了顶级高大乔木群落生长良好之外，林下的中小乔木、灌木，甚至近地面的苔藓地衣都各安本分、自由生长，就是顶级高大乔木也是松萝舞拂、古藤曲缠。至于林中的飞鸟走兽更是如鱼得水，把这里当作了它们幸福的家园。

尽管“冰川雨林”目前在科学界并未引起注意，更未得到普遍的认同，但我相信今后的研究者定会受到启迪和思考，会对“冰川雨林”进行更专门、更深入的研究，因为“冰川雨林”的的确确存在于我们这个地球村落中。在我为《现代科学技术知识辞典》（中国科学技术出版社，王济昌主编，2010年10月，第3版）撰写的相关词条中，正式将该词条列入其中：“冰川雨林（Glacier Rain Forest），分布在季风暖性冰川区附近的原始森林。在中国西藏的东南部和横断山脉地区，生长着大片以暗针叶林为顶级群落的原始森林。这里年平均气温在10℃左右，年降水量高达2000毫米以上。越靠近现代冰川的第四纪古冰川堆积物，雨林生长得越好。上层为铁杉、冷杉和云杉共生的高大乔木林，平均高达30米以上；中上层多为桦、栎、杨、柳等乔木；中下层有杜鹃、花楸、高山柳等分布；底层生长着菌类和苔藓、藻类、蕨类等植物。林中藤蔓攀爬，松萝舞拂，湿度大，幽闭度高。冰川雨林的发育与岩性复杂的古冰川冰碛物可提供丰富的矿物质元素有关，冰川融水和高强度降水也为冰川雨林提供了良好的水量条件。季风暖性冰川的活动层冰温为零度，在冬季可以为周围林区散发一定的热量，在一定程度上改善了冰川雨林生长的热量环境。”

雪莲花，雪绒花

雪莲花是高山冰川地区特有的独傲冰雪怒放的一种凤毛菊科植物。雪绒花则是北极地区十分美丽的菊科火绒草属植物。

我所见到的雪莲花有两种，一种是喜马拉雅雪莲，一种是天山雪莲。

按传统形态而言生长在海拔3000米以上地带的天山雪莲更名副其实：宽大的莲叶，淡绿黄白的花瓣，棕色中带褐黄的花蕊，生长在天山冰川附近的冰碛物迹地中。每当5～6月份雪莲花盛开季节，它们争奇斗艳，散发出一种略带中药气息的芬芳。因为这种雪莲花主要生长分布在中国的天山山脉，所以被称为天山雪莲。

20世纪80年代初期去博格达峰冰川考察时，在我们营地的帐篷周围全是盛开的天山雪莲花。一场大雪之后，在雪花的簇拥下，这些雪莲花更显无比的娇媚。我们早晚进出帐篷时格外小心翼翼，生怕踩坏了它们的花，弄残了它们的叶。天山雪莲花陪我们度过了将近一个月的美好时光。

过了几年，有同事再去博格达峰，我问他们那里的雪莲花开得怎么样，同事哭丧着脸说只见残根遍地，唯独少见盛开的雪莲花。原来随着登山旅游的开放，不少游客留下了他们的生活垃圾，却狠心地采走了那些以冰雪为家、为人类增添秀色的雪莲花。再后来又听说，有人一麻袋一麻袋地将天山雪莲花采运到乌鲁木齐高价出售。由于大量的破坏性采挖，天山雪莲已处于濒危的状态。

喜马拉雅雪莲同样生长在高山冰缘区，海拔高度从3500米开始可以一直追踪到5500多米高的山地冰川雪线附近。喜马拉雅雪莲叶绿花白，白中还隐隐呈现一种紫红色，无论叶间和花间都生长着白色绒毛，莲叶层叠错落，花瓣顶端生有紫色花蕊。和天山雪莲相比，喜马拉雅雪莲没有浓烈的中药味，但同样可以闻到令人神怡的芬芳气味。喜马拉雅雪莲常常怒放在一些公路经过的山垭口附近，令初上高原的人们生出一阵阵惊喜。西藏当地人很少去采摘它们，因为庄严的喇嘛教教义千百年来就要求藏族同胞们爱护高原上的一草一木，在崇尚藏传佛教的信众心目中，每一种动物、植物都和人类一样有灵性，彼此都不应该受到无辜的伤害。

在去西藏几十年上百次的来来往往中，喜马拉雅雪莲同样给了我许多的慰藉和陪伴。在一个叫作枪勇冰川的半封闭谷地中，海拔高达5000多米，我和同事们一住就是半年时间。除了每天定时定点的冰川环境变化观测之外，我们还要爬到6000多米高的冰川粒雪盆中考察、收集资料。这里除了冰川、岩石、湖水和蓝天上翻飞的苍鹰，就是一些高山柳、锦鸡儿（一种带刺的高山植物）和并不多见的喜马拉雅雪莲。每当我们拖着疲惫的身体考察归营时，一看到雪莲花那盛开的笑靥，仿佛春光拂面，颓气全消。

有朋友多次向我索要雪莲花，说是可以治病养身，我却从未答应。这一是因为我不太相信这些花草真的会有治病的疗效和功用，二是真的不想去采摘、伤害它们。在高山冰雪之地，无论是天山雪莲还是喜马拉雅雪莲，都是我们人类弥足珍贵的朋友，它们真的是地球上生命大家族中向极端环境挑战的先锋，是我们人类学习的榜样。

向极端环境挑战的人类朋友还有生长在北极地区的雪绒花。一首悠扬动情的《雪绒花》让我一定要寻找机会能够一睹雪绒花的芳容。2002年夏末，我踏上了赴北极的考察探险之旅。那时我还在西藏自治区政府发展与改革委员会任职，当我向时任主任的李国勇同志提出请假申请后，他详细地询问了我请假期间的安排，觉得不会影响我所分管的工作进度，便爽快地同意了我的要求。考虑到西藏不少地方地貌景观环境与北极有许多相似之处，我还为西藏方面申请了一个队员指标，并决定由区发改委国土所的米玛平措副所长与我同行。与我同赴北极的还有我的女儿张怡华，她是成都信息工程学院的老师，随行主要是当我的助手，可以随时帮助我处理北极科学考察的数据。

在北京集中后便乘坐一家挪威航空公司的民航班机，经由蒙古、俄罗斯等国领空，在瑞典首都斯德哥尔摩小停后再飞挪威首都奥斯陆。在奥斯陆停留了一个晚上，次日便搭乘挪威的国内航班向北飞到一个叫作通索的小城，再换乘一架小型客机飞越北冰洋巴伦支海水域，大约半个小时就飞到了一个叫作朗伊尔滨的小镇上，开始了我第一次梦寐以求的北极科学考察。

天山雪莲花

天山雪莲花（1981博格达峰分流冰川末端营地海拔3500米）

和南极不同的是，北极并非一块完整的大陆，而是以冰冻封闭的北冰洋为主体，只是在北极圈（北纬66° 34′）以北还包括了一些北美洲、欧洲大陆的延伸部分以及大大小小的数以千计的岛屿，大的岛屿有格陵兰岛（丹麦）、巴芬岛（加拿大）、埃尔兹米尔岛（加拿大）、帕里群岛（加拿大）、维多利亚岛（加拿大）、新西伯利亚群岛（俄罗斯）、北地群岛（俄罗斯）、新地岛（俄罗斯）以及斯瓦尔巴群岛（挪威）。

生长在北极地区的雪绒花

斯瓦尔巴群岛（The Svalbard Archipelago，又译斯瓦尔巴德群岛、斯匹次卑尔根群岛）位于北纬76°～80°，东经10°～28°，由四个主要的岛屿组成，面积约62050平方千米。在第四纪冰期时，这里曾经被冰川完全覆盖，在最近1万年以来，由于气候变暖，虽然岛上仍然冰川四溢，但四周的海水冬天冻结，夏季融开，近海以及低洼处也露出了片片裸地，裸地上有冰川融水补给的河流，河流两岸生长着片片苔原蒿草。在这斑状分布的苔原中，不时可以看到一种白如雪片的花，这就是雪绒花。

雪绒花又名火绒草，也有人称之为薄雪草，是多年生菊科草本植物，原产西欧寒冷地区，植株平均高15～40厘米，花朵呈白色的伞房形状，看上去绒绒的，在斯瓦尔巴群岛的小镇朗伊尔滨附近的一些河滩地上显得特别可人，经风一吹，似白雪飘地，花丛中发出细细袅袅的声响，像一曲催人沉思的轻音乐，久久飘荡在北极的海湾、海滩上。

雪绒花共有40个种类，主要生长在欧洲的阿尔卑斯山脉中，被奥地利人奉为国花。由于多分布在海拔1700多米的山地中，且极为稀少，奥地利人都说能见到雪绒花开的人都是英雄。一些年轻人为了表达对心上人的爱情，不惜攀爬到陡峭的岩壁上，冒着生命危险采摘一朵象征勇敢和爱情的雪绒花送给自己心爱的人。在斯瓦尔巴的朗伊尔滨，允许来访者采摘一两朵雪绒花以作纪念。

1925年，作为第一次世界大战的战胜国，中国的北洋政府参加了《斯瓦尔巴条约》的签订，该条约同意该岛由挪威王国托管，但包括中国在内的条约签订国享有在该岛上科研、采矿、居住、旅游、航行等权利。

2002年7月29日当地时间23时10分，也就是北京时间早上5时10分，当首都天安门广场上空的中华人民共和国国旗迎着初升的朝阳冉冉升起的时候，我们在队长高登义教授的引领下，在北极斯瓦尔巴群岛的朗伊尔滨西北郊一座三层小楼前，伴随着中华人民共和国国歌，升起了鲜艳的五星红旗和中国北极科学探险考察站的红色横标，我们高声歌唱着可爱的祖国，凝望着迎风飘扬的国旗，光荣而自豪地庆祝着由中国科学家在遥远的北极建立的第一个中国科学考察站。为了纪念这一庄严的时刻，我在国旗升起后采摘了两朵雪绒花标本，夹在我的笔记本中。因为她代表着勇敢，象征着爱——勇敢的中华儿女们永远热爱我们蒸蒸日上、繁荣富强的祖国。

新疆是个好地方

沙漠中的绿洲

“大漠孤烟直，长河落日圆”，这是唐代边塞诗人王维的名句。这种景色从甘肃的腾格里沙漠、河西走廊一直到新疆的戈壁地貌区都可以十分容易地观察到。其中的“孤烟”有人解释为牧人的“炊烟”，也有人说成是古代烽火台上点燃的信号火烟。而据我的考证，这里所描述的应该是沙漠中出现的一种“龙卷风”景观。因为古代的大漠中很少甚至无人居住，自然谈不上炊烟了，而且和炊烟一样，烽火冒出的信号烟绝对不能用“孤”字去形容它们，更不能用“直”字去形容它们。现在仍可看到的“龙卷风”将大漠中的沙尘一阵卷起，直上云霄，映着黄昏的落日，这才是令诗人王维有感而发的实际场景。然而这种“孤烟直”的荒芜景象并非戈壁沙漠的唯一内容，君不见那里的绿洲却是格外美丽，不仅美在绿洲自己，而且美在与周边戈壁沙漠的强烈对比和陪衬之中。

新疆沙漠中的绿洲真的美丽得十分特别。在新疆，尤其在南疆，几乎每个城市、每个村镇都是被沙漠包围着或者与沙漠有着千丝万缕联系的绿洲，这些绿洲和绿洲之间除了片片沙漠之外，往往还会有一条河流将它们联系在一起，因为绿洲存在的最根本的前提条件就是水。天山、帕米尔、喀喇昆仑山或者昆仑山的冰川积雪融水流入干旱的沙洲盆地中形成了条条内陆河流，它们像人体内的血脉一样，或粗或细或长或短地散布在沙漠之间，大部分水量渗入地下，一部分水量在低洼平坦的地方滋育繁衍着片片沙枣、胡杨、红柳以及肉苁蓉、罗布麻、骆驼刺等沙生植物。后来人类便因地制宜，在水源相对丰富的地方垦殖围田，除了天然生长的各种沙生植物外，又种上了高大的新疆杨，栽种了石榴、核桃、无花果、沙杏、蟠桃、香梨、葡萄、棉花、玉米、小麦、水稻、西瓜、哈密瓜……于是在人类的开发建设下，一个又一个生机盎然的绿洲形成了，这里真正成为绿树成荫、瓜果飘香、牛羊成群的美好家园。在传统农业形态的社会中，一个绿洲、一个村镇，甚至一个家庭便可自成一个独立的社会生态单元。在这个单元之内，所有的食品、织物、家禽家畜都可以自给自足，尽管这种封闭系统的生存水平很原始，层次不高。

随着社会的发展，绿洲与绿洲之间的交流程度加大，于是有了市场，有了道路，有了通信，有了各种各样经济的、文化的、宗教的等多方面的联系和交融，产品更丰富了，文明程度更提高了，绿洲变得更多姿多彩了。当历史进入20世纪50年代，随着新疆的和平解放，农垦部队成建制大量进入，新疆的绿洲面积大幅度增加，相应的水库、水渠、道路、市政设施也逐渐兴建扩大。20世纪80年代以来，随着全国改革开放的步伐加快，新疆沙漠中的片片绿洲也纷纷披上了现代化的新衣。

自汉唐以来，新疆地区的绿洲都是内地许多粮、果、蔬、瓜的原产地，比如石榴、西瓜、无花果、棉花、胡麻、核桃、葡萄等都是从新疆引入内地的。新疆的片片绿洲还是古丝绸之路上不可缺少的驿站，是中原和西域进行商贸、文化、政治交流的重要通道。

乌鲁木齐是新疆最大的一块绿洲，位于天山北麓，从博格达峰流下来的冰川积雪融水汇聚而成的乌鲁木齐河孕育了这块“最美的牧场”（乌鲁木齐在蒙古语中是优美的牧场之意）。此外，东疆的哈密、吐鲁番，南疆的喀什、阿克苏、库尔勒、和田都是新疆沙漠中绿洲“家族”的重要“成员”。

著名的塔里木盆地面积达50多万平方千米，其中塔克拉玛干沙漠就广达32万多平方千米，与之隔天山相望的准噶尔盆地面积达20万平方千米，其中的古尔班通古特沙漠面积为4.5万平方千米。就在这些厚厚的沙洲之下不仅蕴藏着丰富的煤、石油、天然气、金、银、铜、铁等矿物资源，还储存着更为丰富的地下水资源。这些来自天山、喀喇昆仑山、帕米尔高原以及阿尔泰山的冰雪水资源，是新疆绿洲得以永续存在、永续美丽的根本保障。

如果说新疆沙洲中的河流是一条条闪着银光的项链的话，那么那一个个生机勃勃的绿洲就是这些项链上更为璀璨亮丽的绿宝石。正是天山、喀喇昆仑山的雪水、沙洲中的内流河以及沙漠中那似乎取之不尽的地下水，让这些绿宝石更加圆润无比、晶莹剔透。

独特的风景线——露天电影院

20世纪70、80年代，新疆大多数电影院都是露天的，高高的砖墙，圆圆地围建而成，一个门进，一个门出，场内四周有高低错落的砖砌座位，中间平地上大都搭建有木板或水泥长凳。新疆平均降水量不过150毫米，南疆的库尔勒、阿克苏、喀什、和田年降水量大多在100毫米以下，全年总有300多天或晴或阴，但是总不下雨，因而电影院90%都是无顶盖的露天电影院。那时家中无电视，平时的娱乐生活一是听广播，二是看电影。在县一级的城镇，每周星期六晚上和星期天晚上基本上都会有电影上映。除了县属电影放映队放映电影外，当地驻军和农场师部、团部也会放映电影。每上映一部新电影，就会在同一城镇中的不同场地轮流放映，往往是这个电影院放完第一盘片子后马上用自行车送到另外一个场地去放，因此有时在一盘片带放完后银幕上会显示出用手临时书写的“带子未到”的字样，于是场内马上叽叽喳喳喧闹不停，一旦新带子送到，场内马上又是一片出奇的安静。

考察间歇队员们轮休回城自然也少不了去看几场电影，于是招待所服务员们就是考察队员们看电影的最好的伙伴。热心的服务员们总是带上丰富的瓜果、吃食，把队员们招待得像贵宾似的。一些单身的年轻队员多有和这些同样是单身的年轻女服务员暗订终身的，尤其是汉族女服务员总想找一位内地来的如意郎君，如果配对成功，调回内地就指日可待了。不过由于种种原因，最终修成“正果”的并不多。

不管怎样，露天电影院都是当时新疆地区特殊环境下应运而生的一道非常特别的文化风景线。

两角钱，香甜的沙杏随便吃

新疆真是一个名副其实的瓜果飘香地。20世纪70、80年代，吐鲁番葡萄沟就曾推出过一项旅游项目：交一角钱，坐在阴凉的葡萄架下，蜜甜的无核葡萄和马奶子葡萄随便吃。除了当地葡萄园主人送到客人面前的盘装葡萄外，自己还可以任意采食挂在架上的葡萄。若在瓜田买瓜，在瓜田内吃一两个哈密瓜也是可以免费的，当然临走时要是空手离去恐怕客人们自己也不好意思。不过大凡去瓜田里的人多是开着汽车顺路的，吃饱了临走时一定会买上几百斤的瓜，所以瓜农自然并不吝惜免费吃掉的一两个瓜。况且每到瓜熟季节，田野中的狗熊、刺猬等免不了将瓜糟蹋几百斤，人吃几个瓜真算不上什么。

去天山最高峰——托木尔峰登山考察期间，在上山的途中有一个维吾尔族老乡的杏树园。六七月正是阿克苏、温宿县一带杏子成熟的季节，园中的沙杏又黄又大，密密麻麻地把树枝都压弯了，一阵纯甜的香气浓浓地扑向客人。主人早已柴门大开欢迎我们这些远道而来的朋友。翻译艾尼丸告诉我们说进园后一人交两角钱，随便吃，走的时候还可以带走一些路上吃。你要是不拿，杏园的主人就硬往你的口袋里塞。阿克苏的沙杏又甜又沙，放在嘴里用牙轻轻一咬就一分两半。吃了杏肉，留下杏核，主人说那还可以去收购站卖钱。沙杏的杏仁又饱满又香甜，艾尼丸告诉我们说也可以自己留下一些上山慢慢用石块砸来品尝。

新疆的瓜果由于太阳光照射时间长，冰川雪水从山上流下来又带有不少瓜果作物所需的矿物质和微量元素，因此瓜果品质是难得的优良。除了香甜的沙杏、哈密瓜等知名瓜果之外，西红柿也给我留下了深刻的印象。

在阿克苏地区招待所菜园中就种植有大片的西红柿，服务员小徐、小吴还有管理员老李最欢迎考察队员去他们的菜地里参观他们自己栽种的蔬菜了。我们登山科考队把招待所作为我们两年科考的基地，在那全国物资都凭票证供应的时代,我们从内地带去的食品、物资成了招待所上下员工都希冀得到的礼品,加上我们每人每天4.5元的伙食费和1元钱的住宿费用成了那一时期招待所最主要的收入来源,所以我们不仅成了他们尊贵的客人,也是彼此十分熟悉的好朋友。

我最喜欢光顾西红柿园了,那里的西红柿个大皮薄肉实,尤其是号称"黄柿子"的西红柿呈金黄色,一个足有七八两,不仅甜而且沙面面沙的,吃两个就饱了。

科学考察两年下来,除了研究业务的丰硕收获外,就是我的体重南原来的70千克猛增到85千克,从那以后,我的体重就没回落到80千克以下过。

奇妙的沙漠水利工程——坎儿井

世人尽知都江堰,但知道新疆坎儿井的可能不算多。四川的都江堰无论是从历史悠久、工程浩大,还是从造福川西平原一方水旱无虞来说都无与伦比,不过新疆地区的坎儿井则在创意的精妙、功能的实用上让人大开眼界。

无论是乘火车还是乘汽车,西出甘肃的河西走廊,过"尾垭",穿过猩猩峡,进入新疆境内之后,便会发现在浩瀚的戈壁滩上似有规律地出现一堆又一堆的砂砾石块,它们间断地成垅成排从远方蜿蜒而来,又从另一个方向逶迤而去。初见它们,很难想象这些戈壁地貌景观是些什么东西,又是如何形成的。如果停下西行的脚步,到这些戈壁砾石堆旁去观察观察,也许你会恍然大悟:原来这些堆积物是挖坎儿井时遗留下来的砂石堆!

在每处砂石堆积垅的一旁都会有一个竖井,一股凉气从井中扑面而来。借着一缕阳光,便会发现缓缓流淌的渠水从上游洞口涌出,再到下游洞口流入。这里没有都江堰那样的磅礴,也没都江堰那样的喧哗,却像是人体中脉动的血流,安静地然而却永不止歇地流动着。如果说四川的都江堰是一部气势豪迈的历史大片,那么新疆的坎儿井则是行云流水般的散文长诗。

多少年来,坎儿井默默地浇灌着新疆大片大片干渴的土地,使这些干渴的土地生长出格外甜美肥实的庄稼和瓜果，养育繁衍了一代又一代勤劳智慧的新疆各族人民。新疆广袤的原野大多由十分干旱的戈壁组成，除了山区之外，戈壁沙漠中的降水量大多在50～100毫米，可是蒸发量却在3000毫米以上。为了保证居住在这片土地上的居民用水以及这片土地必需的农田灌溉，勤劳智慧的新疆人便想出了这么半明半暗的坎儿井灌溉引水系统工程技术，让雪山上流下来的水最大限度地避免因太阳暴晒产生蒸发，从而有效地流入农田和村庄中，保证了这片绿洲得以世代繁衍、生生不息地存在发展下去。

有史料记载说，最早成规模地开展坎儿井修建工程始于清朝咸丰年间，当时的陕甘总督左宗棠同时兼领新疆防务。这位文武全才的左大将军从内地到新疆一路走来，发动沿途军民广植树木，尤其是栽种了不少易于成活的柳树和杨树。在当年河西走廊的驿道两旁和大凡稍有水源之处，如今都可以看到数人合抱的大柳树成片成林，人称“左柳”或“左公柳”。到了新疆后，除了广植树木，左宗棠还发动军民在东疆的吐鲁番、哈密一带修筑、更新和扩建了一大批坎儿井。坎儿井的源头都接近于天山山麓，井水所过之处，只要有人家和田原，就一定会开有出口，人们可以从这里开出一条支渠，将渠水引入农田。吐鲁番著名的葡萄沟就是坎儿井的受益者。坎儿井的尾水最后流入中国海拔最低的内陆湖——艾丁湖（海拔-154米）。

改革开放之后，新疆的坎儿井得到了良好的保护和建设，中央和新疆地方政府投入了大量的财力、物力和人力，对坎儿井进行了重新规划、重建和修葺，不仅让这一古老而又实用的水利工程发挥更好的生态效益和社会效益，而且还在旅游业中吸引了成千上万的海内外游客前去体会坎儿井那奇思妙想却又十分朴素的功能给当地居民生活、生产和生态环境带来的深远影响。

不用电的天然冰箱

在新疆南部的喀什、和田一带，沙漠戈壁地貌环境所形成的极端大陆性气候致使冬天奇冷而夏天奇热。冬天极端最低温可达零下30℃以下，而夏天极端最高温可到45℃以上。每到冬日，河流冻结、滴水成冰，于是当地的维吾尔族等少数民族便在院中屋内挖出一个深深的窖坑，将冻结的冰块置入坑内，用木板盖住坑口，再在木板上面压上厚厚的秸草，于是一个人工冷冰储藏室就建成了。每当酷热的夏季来临时，便打开冰窖，取出冰块，以作消暑解渴的冷饮佳品，同时也可以将宰杀的牛、羊肉置于窖内以保持新鲜不腐，一年四季都可以食用。

新疆出产大量的甜萝卜，用甜萝卜熬制的糖加上用刨子刨细的冰片更是行销在南疆大街小巷中极具地方特色的"冰激凌"。只见头戴小花帽的维吾尔男人们熟练地用一个类似木工用的手推小刨子在一块冬藏冰上前后推刨，然后将刨细的冰片置于碗中，再浇上由甜萝卜熬制的糖水，卖给赶巴扎的乡下人，一毛钱一碗，生意十分红火。我们也禁不住诱惑连吃两三碗，既解馋又解渴。20世纪80年代在新疆，刨冰糖水小摊和烤馕、烤羊肉串一样，也是一道十分有趣而又有地方风味的食品。

好吃好香的新疆馕

20世纪80年代初的一次春节联欢晚会上，著名演员陈佩斯和朱时茂表演的小品《卖羊肉串儿》大获成功，同时也让国人更加了解新疆维吾尔等少数民族地区的生活风情。

在新疆的广大地区，除了烤羊肉串儿，千家万户离不开的普通食品就是馕。新疆的馕，犹如四川的担担面、陕西的羊肉泡、山东的大葱卷大饼、天津的狗不理包子一样受欢迎，并且更具特色。

说起新疆的"馕"，还有一段有意思的考古趣事。

在1959年的10月，在若羌县米兰古城一处房屋建筑遗址中清理文物时，发现了两件由唐代回纥人坎曼尔用汉字抄写的诗篇。一件是坎曼尔用毛笔抄写的白居易《卖炭翁》诗一首，另一件则是他的自写诗三首，字体为正楷。这两件文物编号为7853和7854，现藏于新疆维吾尔自治区博物馆。

坎曼尔三首自写诗写作于唐元和十年（公元815年）。其一为《忆学字》，其二为《教子》，其三为《诉豺狼》。在这件诗签最后的落款是“纥，坎曼尔，元和十年”。

忆学字

古来汉人为吾师，
为人学字不倦疲。
吾祖学字十余载，
吾父学字十二载，
今吾学字十三载。
李杜诗坛吾欣赏，
迄今背通习为之。

教子

小子读书不用心，
不知书中有黄金。
早知书中黄金贵，
高招明灯念五更。

诉豺狼

东家豺狼恶，
食吾食良，饮吾血。
五谷未离场，
大布未下机，
已非吾所有。
有朝一日，
天崩地裂豺狼死，
吾却云开复见天。

这些文物在20世纪70年代初到北京展出时引起了时任中国科学院院长、考古学家、大文豪郭沫若先生的关注，为此郭沫若写下了《〈坎曼尔诗签〉试探》一文，并在这篇考证有据的文章中对第三首《诉豺狼》诗称赞有加，认为是“痛骂恶霸地主的诗，非常痛快，也非常尖锐，有声有色……是一首绝妙好辞”，同时解释“食吾食良”中的“食良”字是古字粮食中“粮”字的简化字。

但郭老的文章发表后却遭到新疆一些文字工作者的质疑。新疆的同志认为“食良”并非古字“粮”（糧）字的简化字，而是古代“馕”字的简化字。郭老从善如流，认为新疆同志的意见是对的，于是在后来出版的《出土文物二三事》一书中作了更正补充追记。在郭沫若《追记》说：“《诉豺狼》一诗中的‘食吾食良’，我以为粮字的简化字，新疆的同志们多以为是馕字的简化。馕是新疆兄弟民族一种面制的食品，类似烘饼。我同意这个看法：因为与饮吾血为对句，更具体，而且更具地方民族风味，更亲切。”

新疆少数民族在自己的院子里都建有一个馕坑，馕坑是用砖石加黄泥垒成的一个高约1.2米的瓮形坑，坑中燃烧木柴或木炭，当柴炭燃到无烟气时，便将圆形面饼用手悬贴于高温的炉坑内壁直到烤黄烤熟。面饼一般直径约30厘米，边厚内薄，为了便于炉壁吸贴，在面饼上扎出许多小麻窝。面饼中加盐，讲究的还在面饼上撒上芝麻或砸碎了的核桃仁。等坑内的柴火烧尽时，贴满炉壁的几十个馕饼已是酥熟飘香了。

新疆天气干燥，烤制后的馕中水分很少，加上调有盐分，因此极好保存，无论是居家食用还是出门旅行，都可以长时间不霉不腐。

除了羊肉串和馕，新疆常见的食物中还有手抓羊肉和抓饭。在牧区中当牧民杀羊宰牛后，将肠衣洗净灌入大米做成“米肠”放在肉锅中炖煮，吃起来更是别有一番风味。

在中国的汉族地区，时兴川、京、鲁、淮、粤、湘等各派菜系，其实，随着时代的发展，我倒建议我们的食品专家、烹饪大师和美食家们，包括我们少数民族的专业人士在内，要好好总结和发掘一下各少数民族的食品菜品系列，提炼出既具营养价值又有原生态保健品味的少数民族特色美食，共同跻身于优秀的中华民族饮食文化之林。我相信在不久的将来我国各民族的饮食文化一定会绽放出更多的奇葩艳朵。

木扎尔特冰川古道

“明月出天山，苍茫云海间”，这是唐代诗仙李白描写天山的名句。

李白从小生活在西域巴尔喀什湖附近的碎叶城（现属哈萨克斯坦），5岁时随家人越过天山返回四川江油。李白及家人穿越天山的一条必经之路就是木扎尔特谷地。

木扎尔特谷地自古就是从内地到西域、吉尔吉斯斯坦、哈萨克斯坦乃至赴阿富汗、古波斯、巴基斯坦和印度、尼泊尔等地的通衢之处。

唐代著名高僧玄奘法师西赴印度取经归来所著的《大唐西域记》，曾比较准确地描述过他经历木扎尔特古道时的情景：跋禄迦（即今阿克苏温宿县）“国西北行三百余里，度石碛至凌山。此则葱岭北原，水多东流矣。山谷积雪，春夏合冻，虽时消泮，寻复结冰。经途险阻，寒风惨烈。多暴龙难，凌犯行人。由此路者，不得赭衣持瓠，大声叫唤。微有违犯，灾祸目睹，暴风奋发，飞沙雨石，遇者丧没，难以全生。”

玄奘法师在这里不仅从地理方位上（国西北行，即从温宿一带向西北正是木扎尔特谷地）而且从水流方向上（发源白天山最高峰托木尔峰东坡的克克其苏河、吐盖别里齐河、喀拉古勒河等都是自西而东流入木扎尔特河）证实了他当年是通过木扎尔特谷地向北翻越天山抵达北坡，再顺北木扎尔特河谷地行进到达伊犁河流域，继续西行、南下，历时两年多终于抵达印度。玄奘法师在描述经过凌山（凌即冰、雪水的意思，维吾尔语冰、雪山即木素尔，也是木扎尔的意思）时说“山谷积雪，春夏合冻，虽时有消泮，寻复结冰”，应该说十分肯定这里观察到的就是典型的冰川特征，也就是木扎尔特河上游的木扎尔特冰川。

木扎尔特冰川现在依然存在，全长29千米。木扎尔特冰川下游段冰体塞满谷地，要穿越这一段路程，必须攀爬冰川。1977—1978年托木尔峰登山科学考察期间，部分专业的研究人员先后抵达木扎尔特冰川，仍发现在冰面上有死去的人体和马匹、骆驼的遗骸。

木扎尔特古道南起阿克苏地区温宿县一个叫破城子（此地产煤，有破城子煤矿）的地方，海拔1800米，沿木扎尔特河谷行进到海拔2800米处，开始进入木扎尔特冰川，在冰川上行进10千米左右开始翻越木扎尔特达坂即冰达坂，之后沿北木扎尔特河下行至夏塔牧场，然后乘汽车向西北经昭苏县可达风景秀丽的边境城市——伊宁市。

在行经谷地中段时，还可以顺便领略到几条大型山谷冰川的优美风光，比如克克其冰川长10.20千米，吐盖别里齐冰川长37千米，喀拉古勒冰川长32千米，尤其是吐盖别里齐冰川面积达337平方千米，在这些冰川上蕴藏着许多无人知晓的奥秘。

为了保证木扎尔特古道的畅通，清朝以前设立专门机构由部队官兵负责谷地中道路的维修，尤其是冰川上道路的维修，在冰壁上挖出梯坎，在冰面上设立路标。尽管如此，仍有不少客商有去无回，死于途中，因为“经途险阻，寒风惨烈。多暴龙难，凌犯行人……暴风奋发，飞沙雨石，遇者丧没，难以全生”。途经冰川时，不仅气候严寒，而且常遇雪崩和狂风暴雪等灾害，给过往商贾行人造成许多困难甚至伤亡。

到了20世纪中后期，随着公路、铁路和航空事业的发展，新疆的交通和全国其他省市一样，开始变得四通八达，天山再也不是隔绝内地到新疆的障碍，更不是南北疆交流的险阻了，木扎尔特谷地终于失去了交通通道的历史地位而成为名副其实的“古道”或“故道”了。

并非多余的话

一统中华的历史见证

在我多次赴新疆、西藏等边疆地区进行科学考察的漫漫征程中，参观和发现过不少古代中原文化留存在那里的历史遗迹。新疆自然不必多叙，那里早在汉代（公元前60年）就有中央政府的“都护”设置，而更有类似西汉驻守屯田部队建立的高昌古城和艺术水平极高的佛教造像、绘画、寺庙、石窟等遗迹遍布于新疆各地。

《汉书》曾专条提及高昌壁。《北史西域传》记载：“昔汉武遣兵西讨，师旅顿敝，其中尤困者因住焉。地势高敞，人庶昌盛，因名高昌。”到了唐代的公元640年，更有吏部尚书侯君集带兵再次统一了新疆各地，并在高昌设置了高昌、交河、柳中、蒲昌、天山五县。

这里只说说西藏。众所周知，“唐蕃和亲”在藏区是家喻户晓，文成公主和金城公主下嫁西藏赞普（藏王）的史实无疑证明了早在1000多年前西藏就和中原有着千丝万缕的政治经济来往和亲戚血缘上的联系。无论是拉萨的大昭寺、小昭寺，还是布达拉宫，里面的壁画、佛像、金册、印信，还有大昭寺门口的唐朝“甥舅和盟碑”，以及拉萨布达拉宫以西1000多米处磨盘山（藏语叫作帕尔日岗）上的关帝庙，都无可争辩地证明了西藏自古以来就是中华民族不可分割的一部分。

此外，还有几处很少有人知道而我却亲自考察过的西藏汉文题刻遗迹，更是证明了西藏和祖国大家庭一体一脉、永续不分的历史渊源。

拉萨磨盘山市关帝庙中的关羽塑像

2000年，我接到四川交通学校康登银老师的邀请，前往西藏边坝县考察县城到热玉乡公路线路的地质与环境状况。我们跨过怒江加玉大桥，沿着一条与小溪并行的山间公路缓缓上行。大约行进了十多千米后，只见在车灯的照耀下，在公路的北侧崖壁上有一方保留完好的汉文碑刻。当一个月之后任务结束汽车再次经过此地的时候，我嘱咐司机停车，仔细观看了这处十分精到的阴文摩崖石刻诗铭并照相存念。原来这是一首赞扬当地地貌风景的七言诗，诗的作者是清朝乾隆后期（乾隆五十五年）驻藏大臣保泰。经过照片比对，现将该诗加标点用简化字录出：

四山环匝窈如城，涧底奔泉遗远声；
松映云光悬画轴，岚开晓色挂铜钲。
忘饥野骛犹耽水，炫眼闲花不识名；
遮真陬隅证蛮语，归将好景记经行。

拉萨磨盘山关帝庙内的其他菩萨塑像

这分明是作者赞美该处风物景致的即情诗作。由于保泰上任不久(1792年)即逢当时尼泊尔“廓尔喀”军队入侵西藏,他不仅未能有效组织军队抗击敌人的入侵,而且建议达赖等人移避康区,终被乾隆敕令罢免并改派宠臣福康安替代其职务。所以据我的推断,此诗应该是保泰赴西藏就任时让随行的工匠篆刻上去的,因为他被免职回程时不会有此雅兴。诗刻前首有一椭圆形印刻,字迹已经完全模糊,诗尾有“乌斯藏使者保泰题”字样,这更加证明这是他赴任时所题,因为回程时他已经被免职,已无“使者”身份了。在诗刻的最后,有两方一大一小方形印章,大约是保泰的名章吧。

在边坝县档案馆,我见到了一方原先竖立在边坝县境内丹达山上的汉文石碑,石碑的内容是记载了清朝乾隆年间西藏境内茶马古道丹达山大雪致使进藏运粮队伍陷落深崖遇难的事件。这方石碑更具重要历史和文化价值,故也连同照片和文字存录于此,好供后来者研究参考之用。

丹达山神记

公讳元辰，字泉三，姓彭氏，江西南昌人。仕滇南，为参军。乾隆十八年转粮西域。道经丹达山，会大雪，人马陷深崖中不能出。公后至，筹施无策，跃入雪中以殉。久之，西域使者不得粮，遣使觅至，获公尸，貌如生，以礼葬于山。闻于朝，奉敕建祠以祀。藏番尊礼，尤虔，号为丹达王；广立庙祀，最著灵异。凡往来者，感异域孤身，靡不求公佑；公鉴其诚，怜其苦，必佑之。省垣东北隅亦有是庙。余于庚辰岁，由比部改官西蜀，寄宿寺中，得瞻公之庙貌。壬午岁，奉使拉里粮务，始经其山，山之人犹依稀指公之殉粮地。计在西域五年，无日不感公之庇护也。嗟夫！自西域平定以来，使者以千百计，孰能如公之不朽而长享礼祀者乎？诚以精诚格天，推其志，可以托孤，可以寄命，临大节而不夺者，其公之谓乎！公生于四月六日，不知其年。

大清光绪十五年，岁在己丑季春月谷旦，卸管拉里粮务特用知府即补同知山阴王葆恒於蓉垣补撰，刻石，候补知州怀宁胡良生书。

在边坝县档案馆，我还见到一块该地早年土地庙中的木匾额，上书“苦难慈缘”四个金粉大字，为乾隆年间一位叫“松筠”的人所题。

后来我又曾经到过吉隆县考察，在吉隆县城以北约5千米的地方，有一条海拔4150米的山沟，那里有一方人工打磨过的高4米、宽1.5米的崖面，上面刻着数百字的阴刻汉字铭文，字面宽81.5厘米，每字2厘米见方，字体从右向左排列，现存24行311字，其中明晰可辨的是5厘米见方的隶篆额题：大唐天竺使出铭。

在吉隆县到吉隆镇之间的公路东侧的一段古道峡谷里，我还见到在长满红豆杉树林的小路西侧的花岗岩石壁上有一处汉文阳刻铭题“招提壁垒”。经相关史料考证，这正是在藏历水鼠年（乾隆五十七年）接替保泰出征击退尼泊尔“廓尔喀”侵略军的乾隆宠臣武英殿大学士福康安胜利归来途经此地时留下的墨宝。前面提到的拉萨磨盘山关帝庙也是这位死后被追封为“嘉勇公”的福康安大将军所建。

西藏吉隆县吉隆镇临近尼泊尔边境地区的古汉文石刻

边坝境内茶马古道上的《丹达山神记》碑刻

谁确认了世界第一大峡谷

这,似乎并不是一个问题,但却又是一个大问题,因为它本身涉及一个科学道德问题。

杨逸畴,出生于江苏常州,1957年毕业于南京大学地理系,随后被分配到中国科学院地理研究所工作。杨先生身高体壮,相貌伟岸,为人正派,待人和气,吃苦耐劳,学精业勤,学术造诣很深,而且又是十分著名的地理科普作家,他拍摄、发表的照片让许多专业摄影家都叹为观止,他发表的科普散文也让不少专业作家钦佩有加。

可是,就是这么一位令人景仰的著名科学家却在他为之付出几十年心血和智慧的雅鲁藏布大峡谷这个问题上遇到了他人生中最大的苦恼和问题。因为有人竟以自己的无知、无赖对他作为雅鲁藏布大峡谷发现和论证的第一人的笃定地位进行了强盗般的抢劫和否定!

和我一样,早在20世纪70年代初期杨教授就参加了中国科学院组织的青藏高原自然资源综合科学考察。就在那次考察中,他与孙鸿烈院士、郑度院士、李文华院士和关志华教授等科学家就多次深入到雅鲁藏布大峡谷地区进行科学考察。尤其在1982—1984年的南迦巴瓦峰登山科学考察中,他作为刘东生院士和孙鸿烈院士的代表,具体组织和参与了这一重大的科学考察活动,并取得了全方位的重大成果。

到了20世纪90年代初,杨逸畴先生在一次台湾之行的学术报告后,受台湾同行的启发,觉得有必要就雅鲁藏布大峡谷的地理定位作一科学论证。在刘东生院士的大力支持和具体参与下,杨逸畴教授和高登义教授、李勃生教授一起,就雅鲁藏布大峡谷的长度、深度以及相关的环境特征进行了大量的比对论证,终于确认雅鲁藏布大峡谷是世界第一大峡谷,这一结论的公布按惯例须由中国最权威的官方通讯社——新华社向外公布、报道。然而后来,正是这位新华社的报道记者竟通过各种手段,包括写文章、出书,要将自己列为雅鲁藏布大峡谷的发现者之一。作为正直和负责任的科学家,这一荒谬无理的要求自然受到杨逸畴先生的否定和反对。没想到这位记者进而不择手段地撰文散布，赫然将自己和另外几位当之无愧的发现者列为发现群体，却将发现第一人——杨逸畴先生干脆摒除于这个发现群体之外！

扎达古格遗址

作者在西藏阿里古格遗址

杨先生为了这件事,本欲几次要上法庭,用法律的武器维护自己的科学名声和道德,可叹的是竟无人出来为杨先生讲一句公道话。

据说高登义先生曾为那位记者开具过证明,证明那位记者是“发现人之一”。高登义先生也是我多年的老朋友,不知道他是否真的写过这种“证明”。即使有,也是糊涂之举,或者是为了让这位记者回到单位评职称、涨工资和获奖等有所帮助,如果出于这种考量,虽仍属不当之举,但还情有可原。殊不知,这位记者却以此在获得新华社必要利益之外,竟变本加厉地作为攻击、否定杨逸畴教授的“炮弹”!

也许读者朋友以为我在这里说了这么多,是不是把这件事说得过于严重了。但我十分负责任地告诉亲爱的读者朋友们,这位记者的确写过文章,还出过一本书以“证明”自己才是“世界第一大峡谷”的发现者,而杨逸畴却不是!但那的确是一些地地道道的反面教材,是一些充满谎言、无端否定别人、抬高自己的文字堆砌!要知道,在这位记者写报道之前,他还从未去过雅鲁藏布大峡谷呢!

人生苦短,为怕这桩历史公案在我们这些亲历者走了之后成为说不清楚的事情,我宁愿说服这本书的编辑朋友不要将这一节删去,以作为对杨逸畴教授人品的肯定,对历史事实的厘定,也为指名道姓地提到我十分尊敬、亦兄亦友的高登义先生不当的“证明”,向好友高先生致歉,因为这一纸“证明”实在是无法证明那位堂堂的新华社记者良心泯灭的正常性和正当性!再说高先生也无权利、无理由去“证明”那位新华社记者的谎言啊!

虽然早在20世纪80年代初,我就在自己的文章中提到过雅鲁藏布大峡谷是世界上最深邃、最雄伟的大峡谷这一概念,但那毕竟只是下意识的文字表述,真正的发现和科学论证人仍然是杨逸畴教授,以及高登义教授、李勃生教授和大力支持杨逸畴先生的刘东生院士!

后　记

我在科学考察、探险生涯中，还结识、了解了一些勇于探险甚至献出了自己宝贵生命的朋友。

张祥松教授曾经是我在兰州冰川冻土研究所的同事、学科组长和研究室主任。在1985年新疆喀喇昆仑山叶尔羌河冰川洪水科学考察中，他又是我们考察队队长。在研究所内，我们曾同在一个办公室，他会带一些苹果之类的水果，研究间隙取出小刀削一个水果作为补充营养，在叶尔羌河上游冰川区考察时，每当吃饭时，他也总会将好吃的饭菜让我们多吃，有时还亲自给我们夹菜。

张祥松教授英文功底好，尤其是笔译，他翻译过帕特森先生的《冰川学概论》，让我们受益匪浅。他还曾经向我推荐过一本英文的《景观地貌过程》（*The Landscape Process*），我的专业英语水平就是通过阅读这本书大有提高，并学会了不少新的冰川地貌景观过程的基础和应用知识。

张先生参加过著名的希夏邦马峰、珠穆朗玛峰冰川科学考察，天山冰川科学考察，青藏高原自然资源综合科学考察，尤其在中（国）巴（基斯坦）公路巴托拉冰川科学考察中更是成为施雅风教授麾下的绝对冰川研究的主力成员，为该冰川的动态变化预报、中巴公路的建设和中国冰川研究跃上一个新的台阶高度做出了不朽贡献。

由于长期科学考察及连续不断的野外冰川探险，张祥松同志终于倒在了肝癌病魔面前，英年早逝，去世时不满60岁！这时我已经调到了成都山地灾害与环境研究所。噩耗传来，为表达对这位良师益友的哀思，我传真了一副挽联给兰州的治丧委员会，上联是：“冰星陨落雪山垂泪”；下联是：“斯人逝去朋辈举哀”。张祥松先生无论学识、为人、道德、文章都属于真正的院士级权威，可惜当年却未能如愿以偿。

1977年在天山托木尔峰登山科学考察中，我认识了1963年毕业于北京地质学院的国家登山队队员王洪宝同志。这是一位陕西汉子，个头虽不是很高，但看上去浑身都充满了可以克服任何艰难险阻的活力。

早在1975年珠穆朗玛峰登山活动中，王洪宝同志就曾攀登到海拔8600米的高度，奉命担任向峰顶冲击的突击队队长。可惜因登顶队长邬宗岳遇难并失去了登顶路线图，加上后援供应不足等原因，王洪宝等同志不得不忍泪下撤。在极度疲惫的状态下，他仍不忘科学家的重托，采集了海拔8600～7700米的极高山冰雪与岩石标本，并在每份标本上记录好采样地点、采样时间。当在海拔5200米的登山大本营将背包中的样品完好地交付给科考队时，王洪宝已经在极度疲劳中昏了过去。

在天山托木尔峰登山活动中，王洪宝再次担当登顶突击队队长，在他的带领下，两批共28名男女队员先后登顶成功。随后他又加入了撤营装车等一系列杂事工作中，在下撤返回阿克苏的行程中，他和我们一同乘坐装满行李的大卡车，丝毫没有登顶英雄的明星架子。

1979年5月的一天，当王洪宝同志与两位日本山岳会登山队队员结组上到珠穆朗玛峰北坡海拔近7000米的时候，突然脚下的冰雪发生滑崩，结果王洪宝与另外一名日本队员被越来越快的雪崩体连带跌下，从此这位年仅40岁的登山勇士的生命便永远定格在了世界屋脊之上。

1980年，当我协同上海科学教育电影制片厂殷虹先生一行抵达珠穆朗玛峰大本营时，首先想到的就是去珠峰广场北端一处冰碛垅上拜谒王洪宝烈士的墓冢。

1990年在云南梅里雪山的攀登途中，一次特大型雪崩将17名中日登山勇士连同登山营地埋在了厚厚的冰雪体中。其中中方队长宋志义是我多年前在登山科考中结识的又一位国家登山队朋友。这位甘肃西凉大汉是中国登山界精英，在天山托木尔峰、珠穆朗玛峰、西藏阿里拉木那尼峰的时候，我们都愉快相处，互赠礼品，互致祝福。他曾答应将他在南迦巴瓦峰海拔7000多米高处拍摄的冰雪景观资料送给我，可是他却永远地躺在了至今也无人征服的那座海拔6740米的梅里雪山的明永冰川积累区！

1991年，当我和日本朋友赤松纯平、森永由纪一行路过西藏芒康县时，遥望澜沧江西岸的梅里雪山和明永冰川，我们点燃了专程从日本京都和四川成都带去的香烛纸钱，真心地祭奠我们所熟悉和不太熟悉的为科学探险献身的朋友。那次雪崩中殉难的日方队长井上一郎正好是赤松纯平的朋友，他本来决定在梅里雪山登顶成功后赴兰州与我商谈藏东南冰川灾害考察计划，不想他与宋志义等登山英雄同时不幸遇难。于是赤松纯平失去了一位好朋友，我也失去了一位中日联合冰川科学考察探险的合作者。

1981年我带队进到天山博格达峰北坡海拔3600米的登山大本营，在一片盛开的美丽天山雪莲围绕中，一块刚刚矗立不久的墓碑吸引了我，在那块不过两尺见方的天然片石的简易墓碑上写着“日本白水小姐之墓”。

原来几天前，正当日本山岳协会登山队胜利登顶时，为迎接登顶归来的日本队员，来自日本神户的白水小姐从大本营出发上到海拔4000米的前进营地为登顶下撤的人员志愿服务。在返回途中，白水小姐不慎踩塌一条冰川裂隙上面的浮雪，跌进了一条虽然宽不过30多厘米却深不见底的冰裂隙之中。白水小姐个头不大，身体瘦小，在背上的登山背包阻挡下，暂时跌入得并不很深，被卡在了一处相对比较狭窄的地方。可是同行的人却又够不着她，她自己也无法使劲往外攀爬。同行的日本人便嘱咐白水小姐等在裂隙中，他返回前进营地去取登山营救的绳索器材。可是等这位同伴返回来时，白水小姐由于体温对冰体的加热融化，身体已下沉到更深的缝隙中，同行者将手电筒连同登山绳吊入裂隙中，却无法让白水自己拴着自己得以施救。时间一分一秒地过去了，一个小时、两个小时，天黑了，救援却没有任何进展。大本营的同行们不知发生了什么事故，也未派人前往增援，最后那位日本同行只好放弃救援。临走时，仍然还能听到白水小姐越来越低弱的呼救声……据说，这一天正好是白水小姐30岁生日，而这条冰川融水形成的河流正好叫作阿克苏河（维语阿克苏即白水之意）。

作者在神山冈仁波齐峰下

这不是传说，而是我亲历的真实故事。

我也为这位献身登山探险事业的日本友人献上了一朵美丽的雪莲花，在用冰碛石砌成的拜台上还放着两个从日本带来的硬黄塑料酒杯，杯中的茅台酒还未挥发完。

我将白水小姐的故事告诉了我的两位同赴博格达峰考察的日本朋友，其中的渡边兴亚先生说："在日本，每年因登山探险遇难的人数高达200人。"

不过，据我所知，在中国各种登山、科考活动中，科研人员所面临的野外艰难并不比登山家们的少，可是科考队出事尤其是牺牲生命的事故却少之又少，而登山队伤亡的比例却非常大。这除了环境条件有所差异外，那就是科研人员在行军、营地选址、工作环境的把握上还是比较讲究科学。大凡有科考队员参加的登山活动，在营地建设等工作中总是要对四周的环境做一番认真考察，即使有雪崩、山洪、泥石流发生，也能绕开或适时规避。

我自己在几十年的科学考察生涯中把握的原则就是安全第一，第二还是安全！

2011年2月24日星期四初稿于五极居

2011年7月27日再次修改于成都五极居